Bioprocessos

Rebeca de Almeida Silva

intersaberes

SÉRIE ANÁLISES QUÍMICAS

Rua Clara Vendramin, 58 | Mossunguê
CEP 81200-170 | Curitiba-PR | Brasil
Fone: (41) 2106-4170
www.intersaberes.com
editora@intersaberes.com

Dados Internacionais de Catalogação na Publicação (CIP)
(Câmara Brasileira do Livro, SP, Brasil)

Silva, Rebeca de Almeida
Bioprocessos/Rebeca de Almeida Silva. Curitiba: InterSaberes, 2022. (Série Análises Químicas)

Bibliografia.
ISBN 978-65-5517-394-9

1. Biotecnologia 2. Fermentação 3. Microbiologia industrial I. Título. II. Série.

21-84739 CDD-660.6

Índices para catálogo sistemático:

1. Biotecnologia 660.6

Cibele Maria Dias – Bibliotecária – CRB-8/9427

EDITORA AFILIADA

1ª edição, 2022.

Foi feito o depósito legal.

Sumário

Apresentação □ 5

Como aproveitar ao máximo este livro □ 7

Capítulo 1

Fundamentos do estudo dos bioprocessos □ 12

1.1 Bioprocessos □ 14

1.2 Etapas de um bioprocesso □ 16

1.3 Tipos de biorreatores □ 25

1.4 Microrganismos utilizados em bioprocessos □ 34

1.5 Bioprocessos: parâmetros de controle □ 43

Capítulo 2

Processos fermentativos industriais □ 51

2.1 Tipos de processos fermentativos □ 53

2.2 Cinética dos processos fermentativos □ 77

2.3 Velocidades instantâneas de transformação □ 80

2.4 Velocidades específicas de transformação □ 82

2.5 Coeficientes de rendimento □ 83

Capítulo 3

Produção de etanol □ 89

3.1 Setor sucroalcooleiro □ 91

3.2 Cana-de-açúcar □ 92

3.3 Etanol □ 95

3.4 Fermentação alcoólica □ 100

3.5 Processo de produção □ 103

Capítulo 4
Produção de enzimas com aplicações industriais □ 134
4.1 Matéria-prima □ 136
4.2 Celulases e hemicelulases □ 140
4.3 Amilases □ 151
4.4 Proteases □ 157
4.5 Lipases □ 161

Capítulo 5
Bioprocessos na produção de alimentos □ 167
5.1 Processos fermentativos □ 169
5.2 Fermentação láctica □ 170
5.3 Fermentação alcoólica □ 180
5.4 Produção de cerveja □ 181
5.5 Produção de pão □ 192

Capítulo 6
Bioprocessos na indústria farmacêutica □ 199
6.1 Produção de vacinas □ 201
6.2 Classificação das vacinas □ 213
6.3 Produção de vitaminas □ 219
6.4 Produção de medicamentos □ 226
6.5 Antibióticos □ 228

Considerações finais □ 239
Referências □ 241
Bibliografia comentada □ 260
Sobre a autora □ 262

Apresentação

Este livro centra-se no estudo de bioprocessos, que compreende um conjunto de operações complexo e sequencial. Por isso, a organização do conteúdo aqui abordado foi feita de modo que um tópico leve a outro e que essa coerência possa demonstrar as diversas operações concernentes a bioprocessos. Tendo em vista a necessidade de escolha, afinal é impossível cobrir todo o campo referente a esse assunto, aqui se apresenta determinada perspectiva sobre o tema.

Dedicamo-nos, assim, a apresentar todos os conceitos e constructos relacionados a bioprocessos, com o objetivo de estabelecer uma rede de significados entre saberes, experiências e práticas, assumindo-se que tais conhecimentos encontram-se em constante transformação. Logo, inicialmente, trazemos uma discussão introdutória sobre a biotecnologia, seu conceito, suas aplicações, para que, assim, possamos avançar no estudo de bioprocessos.

No Capítulo 1, exporemos o conceito e as etapas de um bioprocesso, além de apresentarmos os tipos de biorreatores e os microrganismos de interesse em bioprocessos.

Já no Capítulo 2, abordaremos os processos fermentativos, como as fermentações descontínua, descontínua alimentada, semicontínua, contínua e em meio sólido.

O Capítulo 3, por sua vez, é dedicado ao setor sucroalcooleiro, no qual discutiremos a respeito da cana-de-açúcar, do etanol e sua produção e da fermentação alcoólica.

No Capítulo 4, trataremos da produção e da utilização de enzimas com aplicações industriais, com vistas a elucidar a ação dessas enzimas sobre substratos específicos.

No Capítulo 5, versaremos sobre dois tipos de fermentação: a láctea e a alcoólica, momento no qual focalizaremos a produção de iogurtes, queijos e pães.

Por fim, o Capítulo 6 abarca a relação do bioprocesso com a indústria farmacêutica.

Os seis capítulos que integram este livro reúnem conceitos, equações, estudos de casos etc., a fim de que o leitor possa se apropriar dos conteúdos trabalhados. Tendo elucidado alguns aspectos do ponto de vista epistemológico, é necessário esclarecermos que o estilo de escrita deste material segue as diretrizes da redação acadêmica.

A vocês, estudantes, pesquisadores e profissionais da área, desejamos excelentes reflexões.

Como aproveitar ao máximo este livro

Empregamos nesta obra recursos que visam enriquecer seu aprendizado, facilitar a compreensão dos conteúdos e tornar a leitura mais dinâmica. Conheça a seguir cada uma dessas ferramentas e saiba como estão distribuídas no decorrer deste livro para bem aproveitá-las.

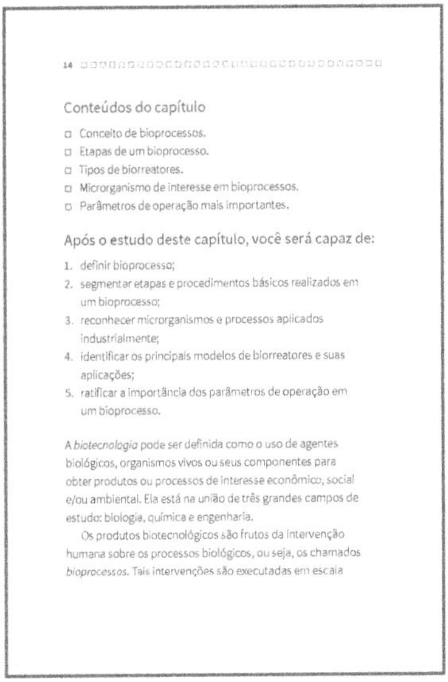
14 □□□□□□□□□□□□□□□□□□□□□□□□□□□□□□

Conteúdos do capítulo

- Conceito de bioprocessos.
- Etapas de um bioprocesso.
- Tipos de biorreatores.
- Microrganismo de interesse em bioprocessos.
- Parâmetros de operação mais importantes.

Após o estudo deste capítulo, você será capaz de:

1. definir bioprocesso;
2. segmentar etapas e procedimentos básicos realizados em um bioprocesso;
3. reconhecer microrganismos e processos aplicados industrialmente;
4. identificar os principais modelos de biorreatores e suas aplicações;
5. ratificar a importância dos parâmetros de operação em um bioprocesso.

A *biotecnologia* pode ser definida como o uso de agentes biológicos, organismos vivos ou seus componentes para obter produtos ou processos de interesse econômico, social e/ou ambiental. Ela está na união de três grandes campos de estudo: biologia, química e engenharia.

Os produtos biotecnológicos são frutos da intervenção humana sobre os processos biológicos, ou seja, os chamados *bioprocessos*. Tais intervenções são executadas em escala

Conteúdos do capítulo

Logo na abertura do capítulo, relacionamos os conteúdos que nele serão abordados.

Após o estudo deste capítulo, você será capaz de:

Antes de iniciarmos nossa abordagem, listamos as habilidades trabalhadas no capítulo e os conhecimentos que você assimilará no decorrer do texto.

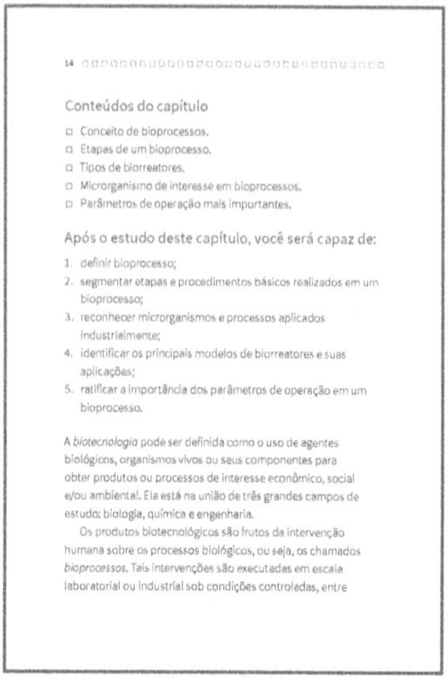

14

Conteúdos do capítulo

- Conceito de bioprocessos.
- Etapas de um bioprocesso.
- Tipos de biorreatores.
- Microrganismo de interesse em bioprocessos.
- Parâmetros de operação mais importantes.

Após o estudo deste capítulo, você será capaz de:

1. definir bioprocesso;
2. segmentar etapas e procedimentos básicos realizados em um bioprocesso;
3. reconhecer microrganismos e processos aplicados industrialmente;
4. identificar os principais modelos de biorreatores e suas aplicações;
5. ratificar a importância dos parâmetros de operação em um bioprocesso.

A *biotecnologia* pode ser definida como o uso de agentes biológicos, organismos vivos ou seus componentes para obter produtos ou processos de interesse econômico, social e/ou ambiental. Ela está na união de três grandes campos de estudo: biologia, química e engenharia.

Os produtos biotecnológicos são frutos da intervenção humana sobre os processos biológicos, ou seja, os chamados *bioprocessos*. Tais intervenções são executadas em escala laboratorial ou industrial sob condições controladas, entre

Introdução do capítulo

Logo na abertura do capítulo, informamos os temas de estudo e os objetivos de aprendizagem que serão nele abrangidos, fazendo considerações preliminares sobre as temáticas em foco.

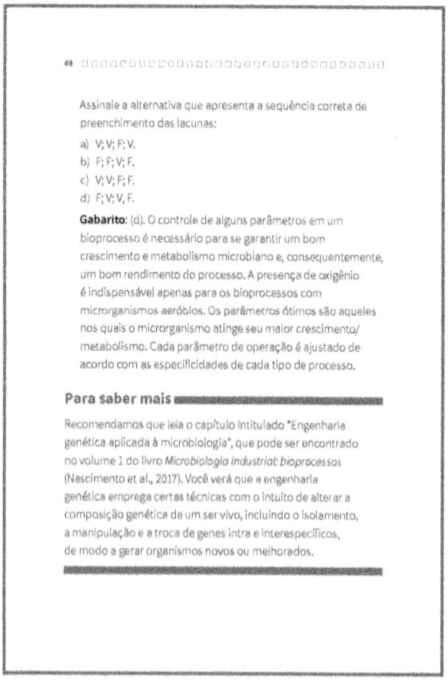

49

Assinale a alternativa que apresenta a sequência correta de preenchimento das lacunas:

a) V; V; F; V.
b) F; F; V; F.
c) V; V; F; F.
d) F; V; V, F.

Gabarito: (d). O controle de alguns parâmetros em um bioprocesso é necessário para se garantir um bom crescimento e metabolismo microbiano e, consequentemente, um bom rendimento do processo. A presença de oxigênio é indispensável apenas para os bioprocessos com microrganismos aeróbios. Os parâmetros ótimos são aqueles nos quais o microrganismo atinge seu maior crescimento/metabolismo. Cada parâmetro de operação é ajustado de acordo com as especificidades de cada tipo de processo.

Para saber mais

Recomendamos que leia o capítulo intitulado "Engenharia genética aplicada à microbiologia", que pode ser encontrado no volume 1 do livro *Microbiologia industrial: bioprocessos* (Nascimento et al., 2017). Você verá que a engenharia genética emprega certas técnicas com o intuito de alterar a composição genética de um ser vivo, incluindo o isolamento, a manipulação e a troca de genes intra e interespecíficos, de modo a gerar organismos novos ou melhorados.

Para saber mais

Sugerimos a leitura de diferentes conteúdos digitais e impressos para que você aprofunde sua aprendizagem e siga buscando conhecimento.

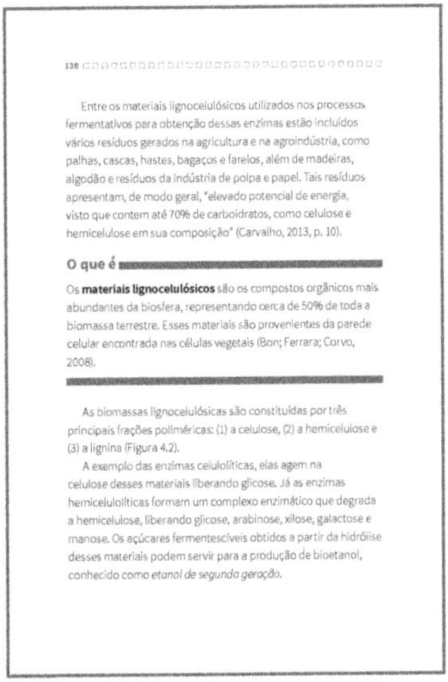
138 □□□□□□□□□□□□□□□□□□□□□□□□□□□□□□

Entre os materiais lignocelulósicos utilizados nos processos fermentativos para obtenção dessas enzimas estão incluídos vários resíduos gerados na agricultura e na agroindústria, como palhas, cascas, hastes, bagaços e farelos, além de madeiras, algodão e resíduos da indústria de polpa e papel. Tais resíduos apresentam, de modo geral, "elevado potencial de energia, visto que contem até 70% de carboidratos, como celulose e hemicelulose em sua composição" (Carvalho, 2013, p. 10).

O que é

Os **materiais lignocelulósicos** são os compostos orgânicos mais abundantes da biosfera, representando cerca de 50% de toda a biomassa terrestre. Esses materiais são provenientes da parede celular encontrada nas células vegetais (Bon; Ferrara; Corvo, 2008).

As biomassas lignocelulósicas são constituídas por três principais frações poliméricas: (1) a celulose, (2) a hemicelulose e (3) a lignina (Figura 4.2).

A exemplo das enzimas celulolíticas, elas agem na celulose desses materiais liberando glicose. Já as enzimas hemicelulolíticas formam um complexo enzimático que degrada a hemicelulose, liberando glicose, arabinose, xilose, galactose e manose. Os açúcares fermentescíveis obtidos a partir da hidrólise desses materiais podem servir para a produção de bioetanol, conhecido como *etanol de segunda geração*.

O que é

Nesta seção, destacamos definições e conceitos elementares para a compreensão dos tópicos do capítulo.

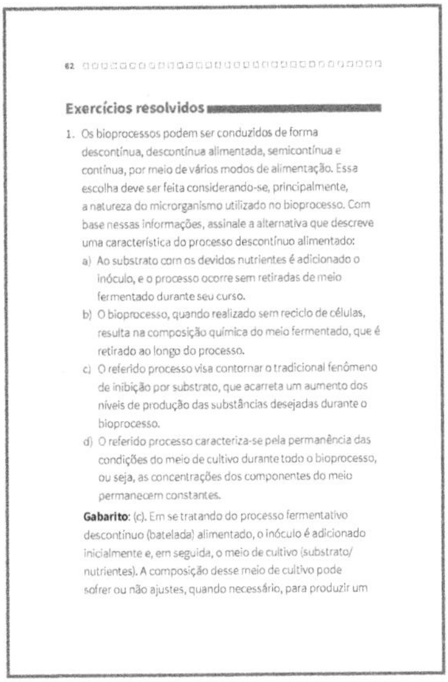
62 □□□□□□□□□□□□□□□□□□□□□□□□□□□□□□

Exercícios resolvidos

1. Os bioprocessos podem ser conduzidos de forma descontínua, descontínua alimentada, semicontínua e contínua, por meio de vários modos de alimentação. Essa escolha deve ser feita considerando-se, principalmente, a natureza do microrganismo utilizado no bioprocesso. Com base nessas informações, assinale a alternativa que descreve uma característica do processo descontínuo alimentado:
   a) Ao substrato com os devidos nutrientes é adicionado o inóculo, e o processo ocorre sem retiradas de meio fermentado durante seu curso.
   b) O bioprocesso, quando realizado sem reciclo de células, resulta na composição química do meio fermentado, que é retirado ao longo do processo.
   c) O referido processo visa contornar o tradicional fenômeno de inibição por substrato, que acarreta um aumento dos níveis de produção das substâncias desejadas durante o bioprocesso.
   d) O referido processo caracteriza-se pela permanência das condições do meio de cultivo durante todo o bioprocesso, ou seja, as concentrações dos componentes do meio permanecem constantes.

   Gabarito: (c). Em se tratando do processo fermentativo descontínuo (batelada) alimentado, o inóculo é adicionado inicialmente e, em seguida, o meio de cultivo (substrato/nutrientes). A composição desse meio de cultivo pode sofrer ou não ajustes, quando necessário, para produzir um

Exercícios resolvidos

Nesta seção, você acompanhará passo a passo a resolução de alguns problemas complexos que envolvem os assuntos trabalhados no capítulo.

são: biorremediação e biodegradação de compostos perigosos, detoxificação biológica de resíduos agroindustriais, biorrefinaria, biopolpação e produção de metabolitos secundários, como alcaloides, enzimas, antibióticos e ácidos orgânicos (Castro; Sato, 2015; Singhania et al., 2009).

De acordo com Malajovich (2016), esse tipo de fermentação é empregado na produção de alimentos como o levedo da massa na panificação, na maturação de queijos por ação de fungos (*roquefort*, gorgonzola), no cultivo de fungos, na fermentação do cacau, do café, do chá etc. Em alguns lugares, essas fermentações ainda ocorrem artesanalmente, porém, hoje também existem equipamentos sofisticados com bandejas, colunas, frascos e tambores rotativos, alguns totalmente automatizados.

Exemplificando

No processo Koji, o fungo selecionado é inicialmente propagado em meio líquido para produzir um grande volume de inóculo, o qual é misturado a um meio contendo substrato sólido pré-esterilizado (fibra) para gerar a mistura conhecida como *koji*. Sob condições estritamente assépticas, o *koji* é então distribuído em bandejas e mantido em câmaras de fermentação ambientalmente controladas. Durante esse período, o fungo cresce rapidamente e secreta enzimas que quebram as fibras e liberam os nutrientes necessários para que possa continuar a crescer. Com a variação das matérias-primas, o fungo tem diferentes respostas com relação ao produto desejado (Rutz; Torero; Filer, 2008).

Exemplificando

Disponibilizamos, nesta seção, exemplos para ilustrar conceitos e operações descritos ao longo do capítulo a fim de demonstrar como as noções de análise podem ser aplicadas.

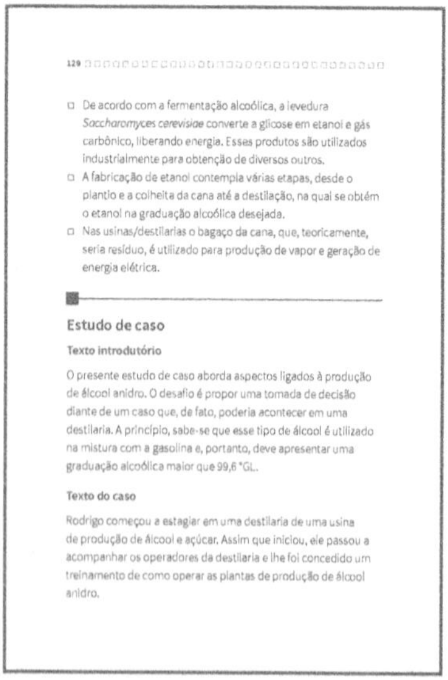

- De acordo com a fermentação alcoólica, a levedura *Saccharomyces cerevisiae* converte a glicose em etanol e gás carbônico, liberando energia. Esses produtos são utilizados industrialmente para obtenção de diversos outros.
- A fabricação de etanol contempla várias etapas, desde o plantio e a colheita da cana até a destilação, na qual se obtém o etanol na graduação alcoólica desejada.
- Nas usinas/destilarias o bagaço da cana, que, teoricamente, seria resíduo, é utilizado para produção de vapor e geração de energia elétrica.

Estudo de caso

Texto introdutório

O presente estudo de caso aborda aspectos ligados à produção de álcool anidro. O desafio é propor uma tomada de decisão diante de um caso que, de fato, poderia acontecer em uma destilaria. A princípio, sabe-se que esse tipo de álcool é utilizado na mistura com a gasolina e, portanto, deve apresentar uma graduação alcoólica maior que 99,6 °GL.

Texto do caso

Rodrigo começou a estagiar em uma destilaria de uma usina de produção de álcool e açúcar. Assim que iniciou, ele passou a acompanhar os operadores da destilaria e lhe foi concedido um treinamento de como operar as plantas de produção de álcool anidro.

Estudo de caso

Nesta seção, relatamos situações reais ou fictícias que articulam a perspectiva teórica e o contexto prático da área de conhecimento ou do campo profissional em foco, com o propósito de levá-lo a analisar tais problemáticas e a buscar soluções.

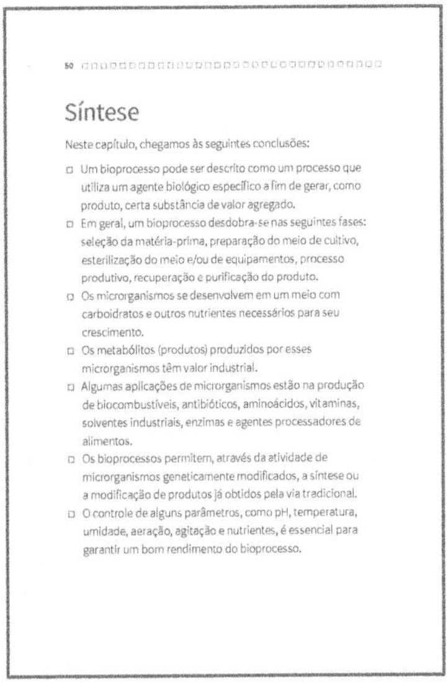
50
Síntese
Neste capítulo, chegamos às seguintes conclusões:
Um bioprocesso pode ser descrito como um processo que utiliza um agente biológico específico a fim de gerar, como produto, certa substância de valor agregado.
Em geral, um bioprocesso desdobra-se nas seguintes fases: seleção da matéria-prima, preparação do meio de cultivo, esterilização do meio e/ou de equipamentos, processo produtivo, recuperação e purificação do produto.
Os microrganismos se desenvolvem em um meio com carboidratos e outros nutrientes necessários para seu crescimento.
Os metabólitos (produtos) produzidos por esses microrganismos têm valor industrial.
Algumas aplicações de microrganismos estão na produção de biocombustíveis, antibióticos, aminoácidos, vitaminas, solventes industriais, enzimas e agentes processadores de alimentos.
Os bioprocessos permitem, através da atividade de microrganismos geneticamente modificados, a síntese ou a modificação de produtos já obtidos pela via tradicional.
O controle de alguns parâmetros, como pH, temperatura, umidade, aeração, agitação e nutrientes, é essencial para garantir um bom rendimento do bioprocesso.

Síntese

Ao final de cada capítulo, relacionamos as principais informações nele abordadas a fim de que você avalie as conclusões a que chegou, confirmando-as ou redefinindo-as.

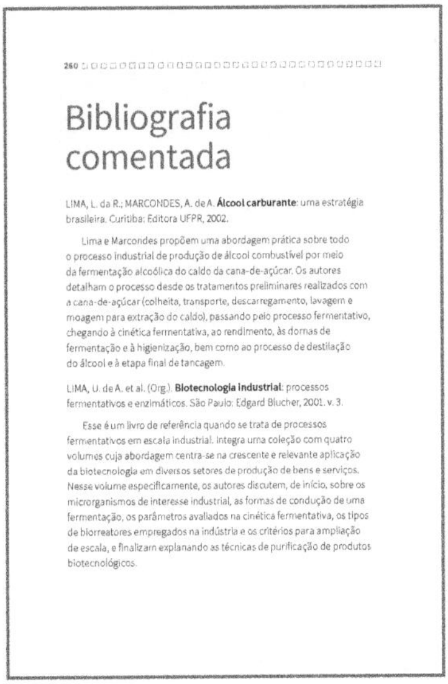
260
Bibliografia comentada
LIMA, L. da R.; MARCONDES, A. de A. Álcool carburante: uma estratégia brasileira. Curitiba: Editora UFPR, 2002.
Lima e Marcondes propõem uma abordagem prática sobre todo o processo industrial de produção de álcool combustível por meio da fermentação alcoólica do caldo da cana-de-açúcar. Os autores detalham o processo desde os tratamentos preliminares realizados com a cana-de-açúcar (colheita, transporte, descarregamento, lavagem e moagem para extração do caldo), passando pelo processo fermentativo, chegando à cinética fermentativa, ao rendimento, às dornas de fermentação e à higienização, bem como ao processo de destilação do álcool e à etapa final de tancagem.
LIMA, U. de A. et al. (Org.). Biotecnologia industrial: processos fermentativos e enzimáticos. São Paulo: Edgard Blucher, 2001. v. 3.
Esse é um livro de referência quando se trata de processos fermentativos em escala industrial. Integra uma coleção com quatro volumes cuja abordagem centra-se na crescente e relevante aplicação da biotecnologia em diversos setores de produção de bens e serviços. Nesse volume especificamente, os autores discutem, de início, sobre os microrganismos de interesse industrial, as formas de condução de uma fermentação, os parâmetros avaliados na cinética fermentativa, os tipos de biorreatores empregados na indústria e os critérios para ampliação de escala, e finalizam explanando as técnicas de purificação de produtos biotecnológicos.

Bibliografia comentada

Nesta seção, comentamos algumas obras de referência para o estudo dos temas examinados ao longo do livro.

Capítulo 1

Fundamentos do estudo dos bioprocessos

Conteúdos do capítulo

- Conceito de bioprocessos.
- Etapas de um bioprocesso.
- Tipos de biorreatores.
- Microrganismo de interesse em bioprocessos.
- Parâmetros de operação mais importantes.

Após o estudo deste capítulo, você será capaz de:

1. definir bioprocesso;
2. segmentar etapas e procedimentos básicos realizados em um bioprocesso;
3. reconhecer microrganismos e processos aplicados industrialmente;
4. identificar os principais modelos de biorreatores e suas aplicações;
5. ratificar a importância dos parâmetros de operação em um bioprocesso.

A *biotecnologia* pode ser definida como o uso de agentes biológicos, organismos vivos ou seus componentes para obter produtos ou processos de interesse econômico, social e/ou ambiental. Ela está na união de três grandes campos de estudo: biologia, química e engenharia.

Os produtos biotecnológicos são frutos da intervenção humana sobre os processos biológicos, ou seja, os chamados *bioprocessos*. Tais intervenções são executadas em escala laboratorial ou industrial sob condições controladas, entre as quais, pode-se destacar: temperatura, agitação, aeração, potencial hidrogeniônico (pH) e nutrientes.

Os bioprocessos abrangem diversas etapas voltadas a gerar um produto por meio do metabolismo de um microrganismo, uma célula animal/vegetal ou uma enzima, partindo da extração ou biossíntese até a recuperação de um produto com a pureza adequada a seu emprego.

1.1 Bioprocessos

Bioprocesso é sinônimo de *processo biológico*, ou seja, **processo conduzido por meio da ação de agentes biológicos**. Segundo Pereira Jr., Bon e Ferrara (2008), os bioprocessos, conduzidos por microrganismos, são convencionalmente conhecidos como *processos fermentativos*, sendo fontes importantes de produtos biológicos empregados em várias áreas industriais, como química, alimentícia e farmacêutica. Abrangem, ainda, diversas operações que vão do tratamento da matéria-prima, passando pela preparação dos meios de cultivo do microrganismo, pela esterilização, pela transformação do substrato em produtos por meio de processos produtivos, até a recuperação e a purificação desses produtos, conforme demonstrado na figura a seguir.

Figura 1.1 – Etapas de um bioprocesso

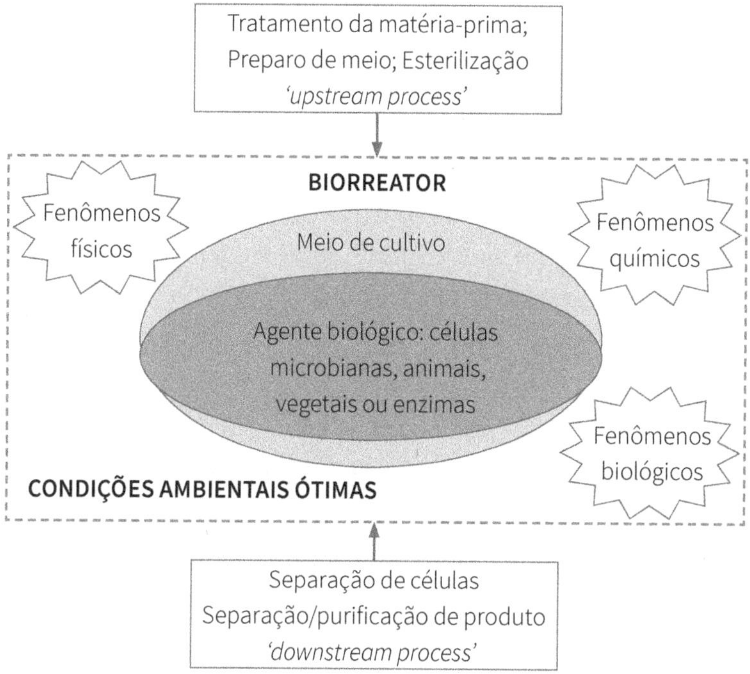

Fonte: Pereira Jr.; Bon; Ferrara, 2008, p. 18.

Podemos dividir um bioprocesso em três estágios principais, como mostra a Figura 1.1. O primeiro estágio é composto por etapas que antecedem a transformação (*upstream*). O segundo estágio corresponde à transformação do substrato em produto, o que ocorre no biorreator (fermentador) por meio do metabolismo microbiano. O terceiro estágio, por fim, compreende as etapas realizadas após a transformação (*downstream*).

Bioprocessos que sofrem interferência humana são denominados ***processos biotecnológicos***. Logo, todo processo biotecnológico é um bioprocesso, porém nem todo bioprocesso é biotecnológico. Como assim? Vejamos. O processo de fotossíntese ocorre naturalmente, isto é, sem interferência humana. Nesse sentido, apesar de corresponder a um bioprocesso, não é biotecnológico. Contudo, a fotossíntese pode ser transformada em um processo biotecnológico quando manipulada. Lee (2019), por exemplo, trabalhou com a produção de biocombustíveis e bioprodutos a partir de cianobactérias, que são organismos fotossintetizantes cujo metabolismo é geneticamente modificado.

1.2 Etapas de um bioprocesso

Agora, detalharemos as etapas típicas de um bioprocesso, a saber:

- matéria-prima e meio de cultivo;
- esterilização;
- biorreatores; e
- recuperação e purificação.

1.2.1 Matéria-prima e meio de cultivo

Uma amplitude de matérias-primas e nutrientes é aproveitada como fonte de substrato/carbono/energia para os microrganismos. Os materiais agroindustriais são bastante utilizados pelas seguintes razões: são recursos renováveis; sua produção depende de outra atividade produtiva; muitas vezes são um subproduto ou produto secundário, sendo produzidos em grande quantidade; e normalmente configuram um problema localizado, quando considerados rejeitos ou descarte industrial, demandando algum tratamento ou alguma aplicação (Singhania et al., 2010) – um dos motivos do crescente interesse no aproveitamento desses resíduos.

Nesse aspecto, o Brasil é o maior produtor de cana-de-açúcar para a indústria de produção de açúcar e álcool. Após a extração do caldo, do qual são produzidos o açúcar e o álcool etílico a partir da ação da *Saccharomyces cerevisiae* (microrganismo), o que sobra, o bagaço, é em parte queimado para gerar energia elétrica e térmica para os processos industriais (Hassuani; Leal; Macedo, 2005). Contudo, o uso de processos mais eficientes está tornando esse setor um gerador de excedentes de energia elétrica, possibilitando, assim, a hidrólise do material lignocelulósico restante para a geração de açúcares fermentescíveis (rota química e biológica) ou a gaseificação desse material seguida da síntese de combustíveis líquidos (rota térmica).

As matérias-primas podem ser agrupadas de acordo com seu substrato, conforme mostra a figura a seguir.

Figura 1.2 – Matérias-primas e seus substratos

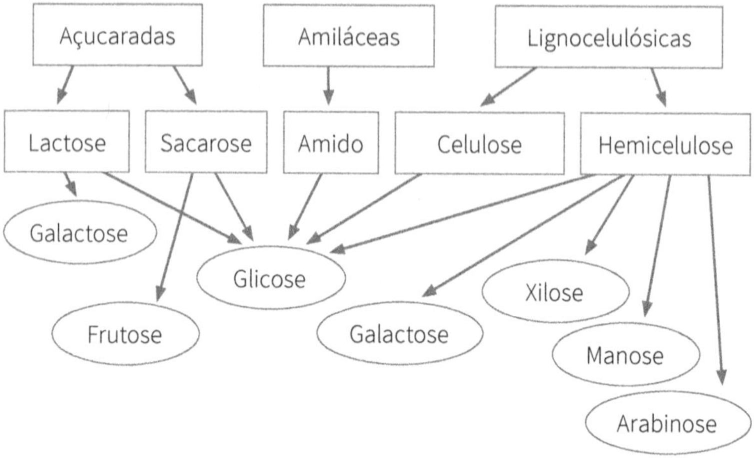

Fonte: Pereira Jr.; Bon; Ferrara, 2008, p. 25.

O meio para o cultivo de um microrganismo deve ser um ambiente nutritivo e isolado, de modo que favoreça seu crescimento. Esse isolamento é fundamental, pois qualquer agente externo pode interferir em seu crescimento e metabolismo. No caso de um fungo ou, até mesmo, de um tipo de bactéria, a condição e o meio são modificados de acordo com o tipo de microrganismo e o objetivo almejado mediante o cultivo (Caxias, 2021).

Todavia, as melhores condições para o crescimento do microrganismo nem sempre são as mesmas para o processo produtivo. Os nutrientes presentes no meio permitem a multiplicação celular e a formação dos metabólitos primários e secundários, conforme podemos observar na figura a seguir.

Figura 1.3 – Produção de metabólitos primários e secundários

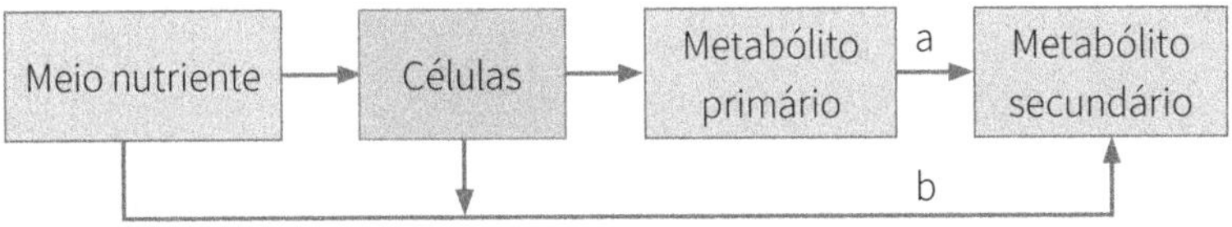

Fonte: Malajovich, 2012, p. 62.

Segundo Malajovich (2016), os **metabólitos primários** estão relacionados com o crescimento dos microrganismos e a transformação de nutrientes em biomassa. São exemplos de metabólitos primários o etanol, o ácido láctico e os aminoácidos. Já os **metabólitos secundários** permitem a sobrevivência dos microrganismos em ambientes extremamente competitivos e com escassos nutrientes. São exemplos os antibióticos, os alcaloides, os pigmentos e algumas enzimas e toxinas. O metabólito primário pode ser utilizado pelas células para produzir o metabólito secundário (a), e este pode ser produzido diretamente a partir de alguma substância do meio (b).

1.2.2 Esterilização

A esterilização promove a completa eliminação ou destruição de todos os tipos de microrganismos vivos que se encontrem na superfície ou no interior de um material. O processo de esterilização pode ser considerado eficaz quando a probabilidade de sobrevivência dos microrganismos for menor que 1:1.000.000.

Alguns processos exigem a esterilização dos meios de cultivo e dos biorreatores. Nos processos em que inibidores de crescimento são produzidos, como na fermentação alcoólica e na fabricação de vinagre e antibióticos, a quantidade de inibidores impede, em maior ou menor grau, o crescimento de vários microrganismos, sendo a eliminação parcial da população microbiana dos equipamentos e meios de crescimento suficiente para garantir a qualidade desejada ao produto. Já os biotratamentos são bons exemplos de bioprocessos que dispensam a etapa de esterilização. Segundo Malajovich (2016), caso o processo necessite de assepsia, esta deve ser feita mediante a esterilização do meio, dentro ou fora do biorreator; a desinfecção/esterilização do equipamento, por injeção de vapor ou calor gerado pelas serpentinas, cuja medida deve se estender aos dutos de entrada e saída e às válvulas correspondentes; e a esterilização do ar por meio de filtros adequados.

O aquecimento é o método mais comum usado para matar microrganismos, incluindo as formas mais resistentes, como os endósporos. Ainda, utilizam-se produtos químicos ou radiação. Substâncias líquidas ou gasosas podem ser esterilizadas por meio da filtração. Os agentes empregados nesses processos são denominados ***esterilizantes***.

1.2.3 Biorreatores

A mistura reacional, constituída pelo meio de cultivo e pelo microrganismo (agente biológico), é processada em biorreatores, equipamentos que transformam as matérias-primas em produtos por meio da ação de agentes biológicos (microrganismos, enzimas ou células animais/vegetais), e essa transformação geralmente ocorre a partir de uma fermentação.

Comumente, esses tanques são construídos com aço carbono e capacidade variável conforme o processo. Por exemplo, de 1 a 2 m^3 são utilizados no cultivo de patógeno ou células animais ou vegetais; de 100 a 200 m^3, na produção de enzimas, antibióticos e vitaminas; e acima de 1000 m^3, em processos que exigem pouca assepsia, como a fermentação alcoólica e o tratamento biológico de resíduos. Um exemplo de biorreator de grande capacidade são os fermentadores para a produção de proteínas de célula única, da Imperial Chemical Industries (ICI), no Reino Unido, que chegam a 3000 m^3 de capacidade.

Schmidell e Facciotti (2001, p. 181) propõem uma classificação geral dos biorreatores, qual seja:

(I) Reatores em fase aquosa (fermentação submersa)

(I.1) Células/enzimas livres

- Reatores agitados mecanicamente (STR: "stirred tank reactor")
- Reatores agitados pneumaticamente
- Coluna de bolhas ("bubble column")
- Reatores "air-lift"
- Reatores de fluxo pistonado ("plug-flow")

(I.2) Células/enzimas imobilizadas em suportes

- Reatores com leito fixo
- Reatores com leito fluidizado
- Outras concepções

(I.3) Células/enzimas confinadas entre membranas

- Reatores com membranas planas
- Reatores de fibra oca ("hollow-fiber").

(II) Reatores em fase não-aquosa (fermentação semissólida)

- Reatores estáticos (reatores com bandejas)
- Reatores com agitação (tambor rotativo)
- Reatores com leito fixo;
- Reatores com leito fluidizado gás-sólido.

Existem infinitas formas de se conduzir um reator biológico, considerando-se as características próprias do microrganismo e do meio de cultivo, bem como os objetivos específicos do processo que se pretende executar. A depender da maneira como o processo fermentativo é conduzido, o biorreator pode ser operado de diferentes formas – elencadas no quadro a seguir.

Quadro 1.1 – Formas de operar um biorreator

Forma	Tipo
Descontínua	□ Com um inóculo por tanque □ Com recirculação de células
Descontínua alimentada	□ Com recirculação de células □ Sem recirculação de células
Semicontínua	□ Com recirculação de células □ Sem recirculação de células
Contínua	□ Executado em um único reator com/sem recirculação de células □ Executado em mais de um reator com/sem recirculação de células

Como se vê, os processos fermentativos podem ser conduzidos por fermentação descontínua, descontínua alimentada, semicontínua e contínua (as quais detalharemos no próximo capítulo).

1.2.4 Recuperação e purificação

A recuperação do produto representa uma fração considerável do custo de um bioprocesso. Se o produto for secretado fora da célula, estará disperso em um volume grande de água e demandará separação por decantação ou filtração. Agora, se o produto permanecer dentro das células, estas terão de ser desintegradas antes da extração.

O produto pode ser concentrado por sedimentação, precipitação, filtração, centrifugação, extração por solventes, destilação, evaporação do solvente e secagem. Caso a purificação seja necessária, outros procedimentos entram em cena, como a cristalização e os métodos cromatográficos (Malajovich, 2016). Entre as técnicas de purificação do produto final estão a precipitação fracionada e muitos tipos de cromatografia líquida de alto desempenho.

Exercícios resolvidos

1. Bioprocessos (processos fermentativos/enzimáticos) são sistemas multifásicos operados em biorreatores de diferentes configurações, nos quais ocorrem as transformações para a obtenção do produto desejado. Com base nas informações adquiridas acerca das principais etapas de um bioprocesso, assinale a alternativa **incorreta**:
   a) A eficiência de um bioprocesso depende principalmente do microrganismo, do meio de cultura, da forma como o processo fermentativo é conduzido e das etapas de recuperação do produto.

b) O meio de cultura pode ser líquido, semissólido ou sólido, cuja função principal é prover os nutrientes necessários para o desenvolvimento e o bom crescimento dos microrganismos.

c) Os biorreatores podem ser operados com células ou enzimas livres ou, ainda, com células ou enzimas imobilizadas. No primeiro caso, indica-se utilizar biorreatores com agitação mecânica (*stirred tank reactor*, STR), já largamente utilizados pela indústria.

d) A recuperação do produto também interessa ao bioprocesso. Um exemplo é a remoção do material insolúvel (particulado) por meio de operações comuns, como filtração, centrifugação, decantação ou sedimentação.

Gabarito: (c). Em um bioprocesso, a escolha preliminar por determinado tipo de biorreator depende de diversos fatores, incluindo o tipo de célula. Nesse caso, os reatores agitados mecanicamente (STR) são os mais empregados em processos que utilizem células/enzimas livres, correspondendo a cerca de 90% do total de reatores na indústria.

1.3 Tipos de biorreatores

Seguindo a classificação geral de biorreatores proposta por Shmidell et al. (2001), nesta seção versaremos sobre as diversas configurações dos seguintes biorreatores:

- Biorreator agitado mecanicamente;
- Biorreator agitado pneumaticamente;
- Biorreatores com membrana; e
- Biorreatores de leito fixo e fluidizado.

1.3.1 Biorreator agitado mecanicamente

É o modelo mais utilizado na indústria, cerca de 90% dos biorreatores são desse tipo. Também conhecido pela sigla ***STR*** (*stirred tank reactor*), esse biorreator é empregado em processos nos quais o agente biológico são células (microrganismo/animal/vegetal) ou enzimas livres, que normalmente ocorrem em estado estacionário e de forma não isotérmica, sendo processadas grandes quantidades de carga. O STR conta com aeração e agitação mecânica, de modo a facilitar a distribuição dos nutrientes.

Nesse biorreator, a homogeneização do meio acontece em razão do motor de agitação que é montado no eixo central e contém, em sentido vertical, várias turbinas, que podem ser de diversos tipos. É possível conectar controles de pH e temperatura, indispensáveis para o controle dos bioprocessos, conforme mostra a figura a seguir.

Figura 1.4 – Biorreator agitado mecanicamente

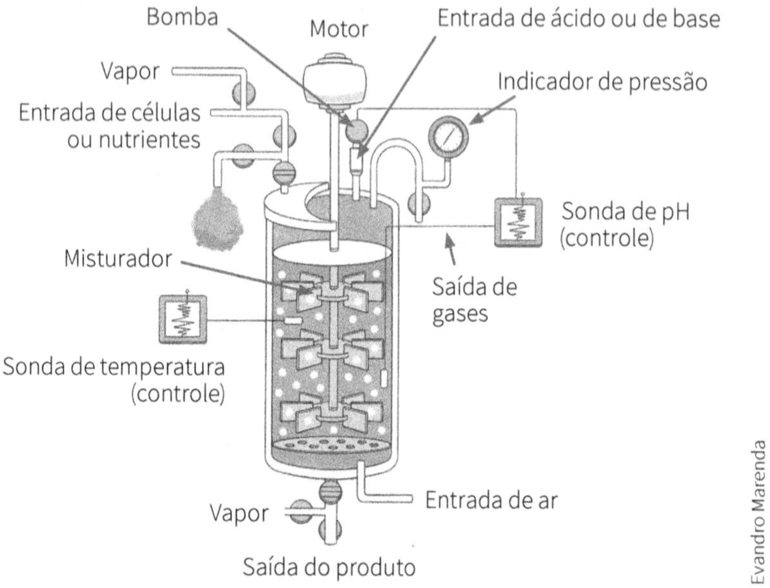

Fonte: Malajovich, 2012, p. 65.

Apesar de utilizado em vários tipos de bioprocessos, esse biorreator apresenta algumas desvantagens, principalmente em se tratando de processos realizados em grande escala, haja vista o elevado gasto de energia e a alta complexidade de construção (Onken; Weiland, 1983).

1.3.2 Biorreator agitado pneumaticamente

Nesse equipamento, a homogeneização e a agitação ocorrem por meio de injeção de gás. Esse tipo de biorreator tem se destacado quando comparado ao modelo agitado mecanicamente, pois exige alta transferência de oxigênio, consumo de energia mais baixo e maior facilidade de construção. Os biorreatores ***airlift*** com circulação interna ou externa (Figura 1.5) são os mais utilizados dentro do grupo de biorreatores agitados pneumaticamente.

Figura 1.5 – Biorreatores *airlift* com (a) recirculação interna e (b) externa

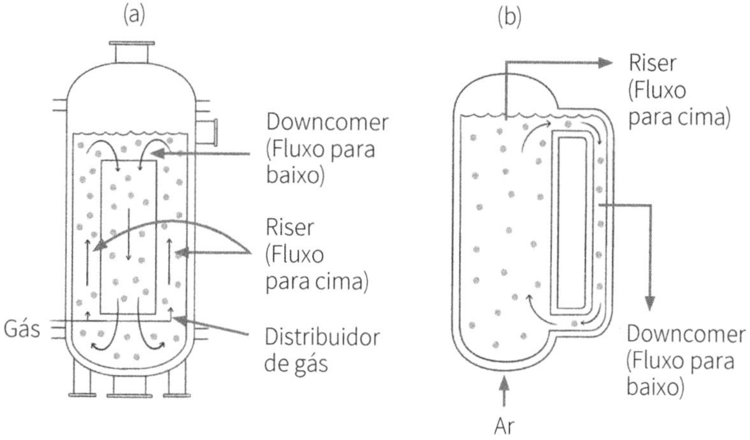

Fonte: Chisti, 1989.

Todos os biorreatores *airlift* contêm uma região aspergida por gás, denominada *região de subida*, e uma região de descida, por onde retorna o meio reacional. A região de subida e a de descida são interligadas no topo e na base do biorreator. A diferença entre as retenções gasosas dessas regiões causa uma diferença entre densidades de dispersão (Chisti; Moo-Young, 1987).

O reator do tipo coluna de bolha, também agitado pneumaticamente, é mais simples, porque consiste numa serpentina localizada no fundo do reator (Figura 1.6), por meio da qual devem surgir bolhas de pequeno diâmetro, que sobem ao longo de todo o reator, provocando agitação e transferindo oxigênio (Schmidell et al., 2001).

Figura 1.6 – Biorreator de coluna de bolhas

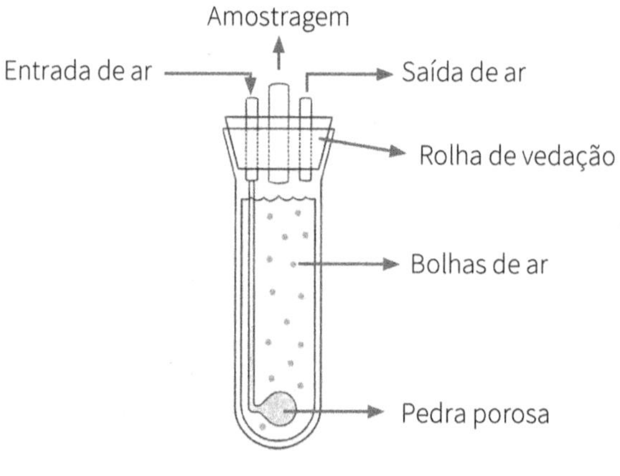

Evandro Marenda

Fonte: Branco et al., 2005.

Se comparado à coluna de bolhas, o *airlift* apresenta um dispositivo, interno ou externo, que proporciona um aumento no nível de mistura dentro do biorreator e uma diminuição na aderência das bolhas.

1.3.3 Biorreatores com membrana

Podem ser de dois tipos: (1) com membranas planas (*flat-sheet*) ou (2) fibra oca (*hollow-fiber*). Esses biorreatores tornaram-se uma tecnologia consolidada e alternativa para os processos convencionais de tratamento de águas residuárias, sendo capazes de produzir efluente de alta qualidade livre de sólidos suspensos e níveis muito baixos de contaminação bacteriológica e matéria orgânica (Neves; Souza; Vidal, 2016). Os módulos das membranas encontram-se em duas configurações no biorreator: (1) integrados ao reator (as membranas ficam submersas), e (2) localizados externamente ao biorreator (Figura 1.7).

Figura 1.7 – Biorreatores (a) com membrana submersa e (b) externo

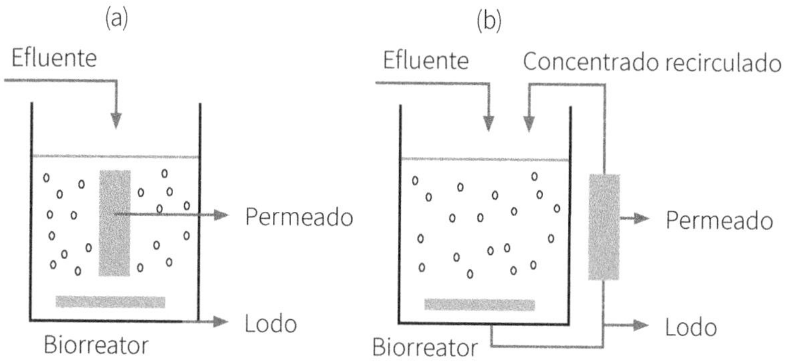

Fonte: Neves; Souza; Vidal, 2016, p. 97.

No biorreator com módulo externo, o conteúdo é bombeado para os módulos, que são normalmente tubulares, e a solução ou suspenção escoa paralelamente à superfície da membrana, enquanto o permeado é transportado transversalmente. No biorreator com módulo submerso, os módulos são imersos no tanque aerado, e o conteúdo do biorreator fica em contato com a superfície externa das membranas. O permeado é obtido pela sucção do conteúdo do reator que atravessa as paredes da membrana (Silva, 2009).

Em ambas as configurações, faz-se necessário o uso de um difusor de ar na base do biorreator, cuja função é fornecer ar comprimido para o interior do tanque, liberando oxigênio a fim de manter as condições aeróbias do meio e, no caso do modulo ser submerso, limpar a superfície da membrana e o interior do reator à medida que ascendem o tanque (Ng; Kim, 2007).

1.3.4 Biorreatores de leito fixo e fluidizado

Os biorreatores de leito fixo e fluidizado são comumente utilizados quando o agente biológico do bioprocesso corresponde a células/enzimas (biocatalisador) imobilizadas (Figura 1.8).

Figura 1.8 – Biorreatores de (a) leito fixo e (b) leito fluidizado

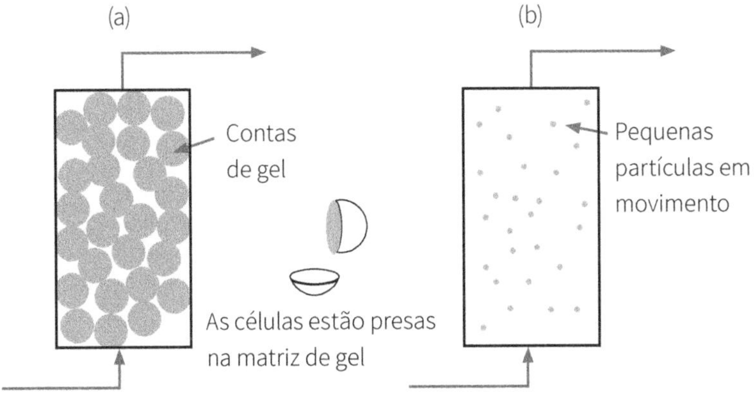

Fonte: Pereira Jr.; Bon; Ferrara, 2008, p. 38.

No leito fixo, não há movimentação de partículas; nos biorreatores de leito fluidizado, as partículas se movimentam intensamente. A fluidização do meio pode ser feita por:

- injeção de ar ou gás inerte na base da coluna;
- corrente de recirculação parcial do efluente da coluna.

Esses sistemas são empregados na produção de etanol, antibióticos, metabólitos com células animais e microrganismos geneticamente modificados, bem como no tratamento de resíduos (Schmidell et al., 2001).

Figura 1.9 – Leito fluidizado (a) por reciclo e (b) gás inerte

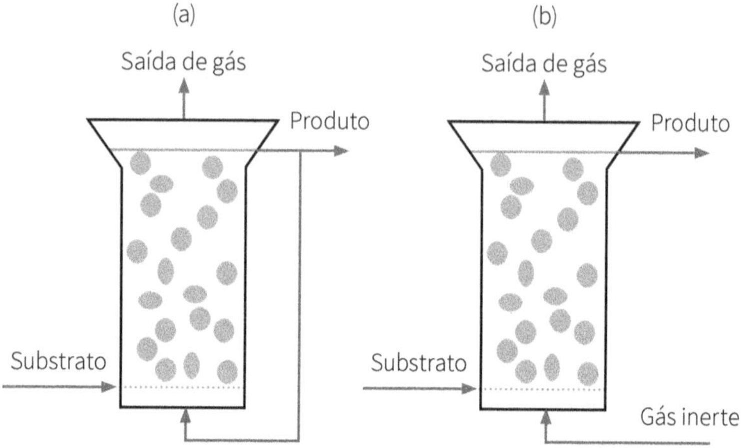

Fonte: Pradella, 2001, p. 362.

Células e enzimas podem ser imobilizadas por meio de vários métodos, classificados, em geral, como métodos físicos e químicos.

Segundo Quilles Jr. (2021):

> Na imobilização através do método físico, as enzimas ou células são aprisionadas no interior de microcápsulas ou membranas de parede semipermeável, sem nenhum tipo de interação entre a enzima e o suporte, no qual moléculas mais simples como substratos e produtos conseguem se difundir do meio reacional e entrar em contato com o sítio catalítico das enzimas, enquanto moléculas mais complexas, como as proteínas, não são capazes de se difundirem pela parede, ficando retinas no interior do suporte.

Entretanto, no método de imobilização via ligação química, as proteínas são ligadas na superfície dos suportes, seja por absorção iônica ou ligações de van der waals e até mesmo, em muitos casos, por uma ligação covalente entre os resíduos de aminoácidos constituintes da enzima e grupos reativos na estrutura do suporte.

Pereira Jr., Bon e Ferrara (2008) agrupam esses métodos de imobilização em ativa e passiva, nos quais são adotadas as seguintes técnicas:

- **Imobilização ativa**: ligação cruzada, ligação covalente e envolvimento.
- **Imobilização passiva**: adsorção, colonização e floculação.

A imobilização de enzimas solúveis é a prática mais comum, produzidas por microrganismos como fungos, bactérias e leveduras ou extraídas de fonte animal. Contudo, é possível imobilizar células que contêm enzimas associadas à sua parede celular, excretadas durante o metabolismo do microrganismo. Independentemente se a imobilização é feita com células ou enzimas, a atividade catalítica deve ser monitorada a cada ciclo reacional para a reutilização do biocatalisador, colaborando para as vantagens de uso de catalisadores químicos.

Logo, o desenvolvimento de um bioprocesso depende da observação de características e fenômenos que ocorrem dentro de cada biorreator, a fim de que seja possível a escolha do mais adequado.

1.4 Microrganismos utilizados em bioprocessos

Entre todos os fatores a serem considerados em um bioprocesso, o tipo de microrganismo a ser escolhido é de suma importância, devendo-se averiguar qual é o mais adequado às condições necessárias para se obter determinado produto.

Os microrganismos são utilizados na produção de antibióticos, aminoácidos, hormônios, vitaminas, solventes industriais, pesticidas, agentes processadores de alimentos, pigmentos, enzimas, inibidores e fármacos (Kreuzer; Massey, 2002). Entre os principais microrganismos empregados nos processos industriais estão as bactérias, os fungos e os vírus.

1.4.1 Bactérias

As bactérias são organismos unicelulares procarióticos com parede celular que cumpre função protetora. Além do DNA (ácido desoxirribonucleico) cromossômico, podem apresentar moléculas circulares extras de DNA, denominadas *plasmídeos*.

Devido a suas propriedades metabólicas, muitas bactérias são utilizadas na produção de alimentos (laticínios, vinagre, picles e azeitonas) e aditivos (vitaminas, aminoácidos, gomas emulsificantes e estabilizantes), na indústria química (acetona, butanol e plásticos biodegradáveis) e na indústria farmacêutica (vacinas, toxinas e antibióticos). Também são empregadas na produção de enzimas para uso industrial e médico (Malajovich, 2016).

O antibiótico neomicina, por exemplo, é produzido por células do gênero *Streptomyces*. A tecnologia do DNA recombinante, também chamada de *engenharia genética*, tem permitido alterar geneticamente certas bactérias, criando substâncias economicamente interessantes, como a insulina humana, gerada por organismos procariontes transgênicos (Borzani, 2001).

O que é

Transgênicos são organismos geneticamente modificados, ou seja, que receberam um gene de outro organismo, sofrendo, assim, uma alteração em seu DNA. Os cientistas controlam essas alterações e estudam se a eficiência do produto final é equivalente à do produto não modificado.

1.4.2 Fungos

Os fungos são microrganismos que fazem parte do Reino Fungi. Nesse grupo estão incluídos os bolores ou mofos e as leveduras. Os bolores são filamentosos, constituídos de um conjunto de estruturas tubulares, denominadas *hifas*, que, quando agrupadas, formam o micélio, pluricelulares; já as leveduras se apresentam sob a forma unicelular (Tortora; Funke; Case, 2012).

Fungos são utilizados industrialmente na produção de alimentos, como em produtos fermentados e bebidas alcoólicas, na indústria farmacêutica, no processo de biodegradação e tratamento biológico de efluentes, na produção de enzimas e na biotransformação. São de grande importância nas áreas agrícola e ecológica, pois, conforme Abreu, Rovida e Pamphile (2015), mantêm o equilíbrio do ambiente, decompondo restos vegetais, degradando substâncias tóxicas, auxiliando as plantas a crescerem e se protegerem contra inimigos, bem como agindo sobre outros microrganismos patogênicos.

Os fungos filamentosos destacam-se devido à simplicidade de cultivo, aos elevados níveis de produção enzimática, além de secretarem as enzimas diretamente no meio de produção, não havendo a necessidade de rompimento celular para sua liberação (Nascimento et al., 2014). A maioria das preparações comerciais enzimáticas é produto da fermentação fúngica, com predominância das espécies *Trichoderma* e *Aspergillus*, e da bacteriana, principalmente *Bacillus*. As amilases, produzidas a partir do *Aspergillus oryzae*, são empregadas na produção de xaropes de milho, papéis e glicoses de amido.

Considerando-se o potencial de uso das leveduras nos bioprocessos, alguns gêneros como *Saccharomyces*, *Kluyveromyces* e *Candida* são capazes de converter diferentes açúcares em etanol. O Brasil é destaque na fabricação de álcool combustível pela fermentação da sacarose do caldo da cana-de-açúcar pela levedura *Saccharomyces cerevisiae*.

1.4.3 Vírus

Ao contrário de outros microrganismos, os vírus são parasitas intracelulares obrigatórios, ou seja, são microrganismos que dependem do hospedeiro para se replicar, uma vez que não podem sintetizar proteínas e não precisam obter energia para garantir sua sobrevivência. Como parasitas obrigatórios de bactérias, plantas ou animais, ao infectarem uma célula viva, passam a utilizá-la para se reproduzir. São os menores microrganismos que existem, e sua cultura é importante, por exemplo, para os testes de drogas antivirais e a produção de vacinas. Os vírus têm servido como vetores (bacteriófagos) para a inserção de genes em uma célula hospedeira (bactéria) (Malajovich, 2016).

Ainda, o vírus pode ser usado na produção de vacinas de DNA, que consiste em um vetor de expressão no qual se insere uma construção genética com o gene codificador do antígeno, um promotor eucarionte, sequências acentuadoras e um gene seletivo (marcador) (Malacinski, 2005). Além disso, os vírus que infectam insetos podem ser utilizados no controle de pragas. Um exemplo é o *Baculovírus,* que, por ano, evita que se aplique 1,2 milhão de litros de inseticidas nas lavouras brasileiras a fim de se combater a lagarta da soja.

O que é

Vacinas de DNA são vacinas produzidas com base em sequências de material genético do agente que se quer combater. Esse DNA é reconhecido pelas células, gerando, no organismo, uma resposta imune.

1.4.4 Características microbianas para uso industrial

Segundo Schmidell et al. (2001), os microrganismos utilizados na indústria podem ser obtidos:

- por isolamento de recursos naturais;
- pela aquisição em coleções de cultura, um exemplo seria a Coleção de Culturas Tropical (Campinas/SP);
- pela aquisição de mutantes naturais e mutantes induzidos por métodos tradicionais; e
- pela aquisição de microrganismos recombinantes.

Um exemplo são as empresas produtoras de antibióticos ou enzimas, que mantêm programas de isolamento de linhagens de recursos naturais com o objetivo de melhorar a produção de determinados produtos, bem como de encontrar linhagens geradoras de novos antibióticos.

Pereira Jr., Bon e Ferrara (2008) mencionam substâncias produzidas por espécies microbianas (bactérias e fungos) naturalmente ocorrentes e recombinantes, que são os agentes dos bioprocessos. Seguem alguns exemplos:

- *Saccharomyces cerevisiae*, utilizada na produção de etanol a partir da sacarose/glicose e na produção da enzima invertase;
- *Saccharomyces cerevisiae recombinante*, usada na produção da vacina da hepatite B e de insulina;
- *Trichoderma reesii*, que, através do seu metabolismo, produz as enzimas celulases;

- *Candida lipolytica*, utilizada na produção da enzima lipase; e
- *Escherichia coli recombinante*, empregada na produção de insulina e hormônios do crescimento.

Na indústria, os bioprocessos, por estarem inseridos em uma cadeia econômica, devem apresentar relações de custo/retorno viáveis, que sejam competitivas em relação ao que já existe no mercado. Essa concorrência se expande para processos químicos e a agroindústria. Assim, com o fito de garantir a viabilidade dessa aplicação, os microrganismos devem apresentar algumas características, como as descritas no Quadro 1.2.

Quadro 1.2 – Características microbianas para uso industrial

Característica	Apresenta	Não apresenta	Observação
Alta eficiência na conversão de substrato em produto	Quanto mais eficiente, melhor o retorno do bioprocesso	Aceitável apenas para produtos de alto valor	–
Grande acúmulo do produto no meio	Maior facilidade na purificação ou obtenção do produto	–	–
Não necessita de processo complexo	Maior maleabilidade do organismo permite considerável diminuição nos custos de produção	Aceitável apenas para produtos de alto valor	Crescimento ou produção em faixas de valores de pH ou temperatura

(continua)

(Quadro 1.2 – conclusão)

Característica	Apresenta	Não apresenta	Observação
Não necessita de meio de cultivo de custo elevado	–	Aceitável apenas para produtos de alto valor	Os substratos comuns já representam um custo elevado em relação ao processo
Não produz substâncias incompatíveis	Aumento do rendimento	Maior gasto com purificação	–
Não patogênico (GRAS)	Operação do processo é mais simples	Elevado nível de segurança no processo e no descarte de resíduos, aumento considerável nos custos	Utilizado apenas quando não se tem ou não existe alternativa, como no caso da produção de vacinas.
Estável	Viável	Inviável	–
Facilidade de manipulação genética	Possibilita incrementos de produtividade	–	Característica pode ser transferida para sistema de expressão heteróloga

Fonte: Nascimento et al., 2017, p. 77.

Os microrganismos, para serem utilizados em aplicações industriais, devem apresentar inicialmente estabilidade e não serem patogênicos. A sigla GRSA corresponde a *generally recognized as safe*, que, em português, significa "geralmente reconhecido como seguro". Outra característica importante é que sua manipulação genética seja relativamente fácil, visando, por meio da mutação e da seleção de novos microrganismos, aumentar a eficiência de produção e, com isso, obter um bioprocesso mais lucrativo.

Pequenas variações na produção ou no crescimento microbiano são comuns nos bioprocessos, mas é preciso preestabelecer um nível mínimo de margem. Variações acima do limite ou imprevisíveis podem inviabilizar o desenvolvimento de um processo.

Exercícios resolvidos

2. Os bioprocessos ocorrem por meio de agentes biológicos (célula, enzima, microrganismo), geralmente por meio de um processo fermentativo, em condições controladas, para fins industriais ou científicos, resultando em diversos produtos. Sobre o tema, analise as afirmações a seguir.
   I. Os bioprocessos possibilitam à indústria farmacêutica cultivar microrganismos, como fungos e bactérias, a fim de produzir antibióticos, por exemplo.
   II. Para serem empregados em bioprocessos, os microrganismos devem apresentar algumas características, entre elas, não ser patogênico, não produzir em seu metabolismo substâncias incompatíveis com o produto e não apresentar facilidade de manipulação genética.

III. A designação *processos fermentativos* é atribuída a qualquer processo microbiano operado em grande escala, independentemente de ser caraterizado ou não como fermentação.
IV. A engenharia genética corresponde a uma tecnologia de inovação, visto que permite obter novos produtos em substituição aos métodos tradicionais de produção de hormônio de crescimento e insulina, por exemplo.
V. A aplicação de bioprocessos está limitada à área médica e à de saúde.

Assinale a alternativa que apresenta as afirmativas corretas:

a) I, III e IV.
b) II, III e IV.
c) III, IV e V.
d) II, III e V.

Gabarito: (a). Os bioprocessos são aplicáveis a diferentes áreas, como a farmacêutica (na produção de medicamentos), a alimentícia (na fabricação de alimentos, de modo a melhorá-los) e a química (no controle da poluição de diferentes tipos e também do aquecimento global).
Os bioprocessos também permitem obter organismos geneticamente modificados para melhorar a eficiência de processos específicos.

1.5 Bioprocessos: parâmetros de controle

O controle de um bioprocesso é uma ferramenta para maximizar o crescimento e o desenvolvimento de microrganismos, tornando-os mais produtivos.

É importante destacar que são necessários cuidados com pH, temperatura, umidade, aeração, velocidade de agitação e quantidade de nutrientes, sendo este um dos parâmetros de controle mais relevantes, pois a disponibilidade de nutrientes varia de acordo com as necessidades de cada microrganismo cultivado.

1.5.1 Temperatura

A temperatura é um fator essencial, na verdade, um dos mais importantes para o cultivo dos microrganismos, uma vez que o crescimento e a produção dos metabólitos são geralmente sensíveis a esse aspecto. Os microrganismos podem crescer em uma ampla faixa de temperatura, e a considerada ótima para seu crescimento não necessariamente corresponderá à ideal para seu metabolismo.

O calor metabólico liberado pelas células microbianas durante o crescimento faz com que a temperatura do meio de cultura aumente. Em bioprocessos realizados em meio sólido, a falta de água livre pode resultar em gradientes de temperatura no meio de cultura, o que acarreta o crescimento do microrganismo em condições não isotérmicas.

O controle de temperatura na fermentação alcoólica, por exemplo, é imprescindível, dado que, conforme explica Dinslaken (2021),

> É nessa fase que as leveduras irão consumir os açucares para produzir CO_2 e álcool, além de eliminar aromas indesejados. [...].
>
> Se a temperatura estiver acima da faixa máxima de trabalho das leveduras, elas podem produzir compostos indesejáveis, como álcoois superiores, excesso de ésteres frutados ou ainda consumir muito rapidamente os nutrientes antes de finalizarem o consumo completo dos açúcares, resultando em uma fermentação incompleta. Por outro lado, a temperatura ficando abaixo da faixa mínima de funcionamento do [...] fermento, pode resultar em uma fermentação [...] longa, [...] [com resquícios] de sabores/aromas que normalmente seriam expelidos junto com o CO_2, [...] [mas que, em razão dessa] fermentação mais lenta, permanecem durante toda a fermentação. [Essa técnica] é aplicável principalmente para os aromas sulfurosos em fermentações de cervejas lagers.

Daí o alto cuidado que se deve ter com esse fator, de modo a manipulá-lo com vistas a obter o produto desejado.

1.5.2 pH

Em processos fermentativos, o pH é um dos parâmetros mais críticos, pois afeta diretamente o metabolismo dos microrganismos e, por consequência, sua produção.

Os microrganismos apresentam um valor de pH ótimo, com crescimento elevado, um valor de pH mínimo, associado à maior acidez suportada, e um valor de pH máximo, relacionado à máxima alcalinidade permitida para seu crescimento. A faixa de pH ideal para o crescimento é relativa ao microrganismo, sendo sempre caracterizada em um intervalo.

O pH, vale lembrar, refere-se ao potencial hidrogeniônico de determinada solução. É possível determiná-lo por meio de equipamentos que medem a concentração de íons de hidrogênio (H^+) livres na solução e, com base em seu valor, mede-se o grau de acidez, neutralidade ou alcalinidade da solução. A variação no pH ocorre, em geral, devido à secreção de ácidos orgânicos, o que pode promover redução em seu valor. Em contrapartida, a assimilação de ácidos orgânicos, além da hidrólise de ureia (fonte de nitrogênio), pode resultar na alcalinização do meio (Raimbault, 1998).

A maioria das bactérias, por exemplo, apresenta pH ótimo próximo da neutralidade ou ligeiramente alcalino (6,8 – 7,5). Algumas preferem um pH mais baixo (4,0 – 6,0), condição criada ao se produzir ácido pela degradação dos hidratos de carbono. Conhecem-se poucas bactérias que preferem condições fortemente alcalinas (8,5 – 9,0). Com relação aos fungos, a versatilidade do pH ideal para seu crescimento pode servir, por exemplo, para prevenir ou minimizar a contaminação por bactérias (Krishna, 2005).

Cabe ressaltar que muitos meios de cultura apresentam boa capacidade tamponante, o que reduz a exigência de controle dessa variável.

1.5.3 Aeração e agitação

A agitação e a aeração em bioprocessos também são essenciais para se atingir as melhores condições de crescimento do microrganismo, pois muitos precisam de oxigênio para preservar seu metabolismo.

A variação da quantidade de oxigênio disponível influencia os microrganismos aeróbios, aos quais esse componente é indispensável; os facultativos, por sua vez, podem crescer em sua ausência. Assim, a quantidade de oxigênio precisa ser mantida de tal forma que seja suficiente para evitar uma queda na respiração normal dos microrganismos. Essa quantidade varia de acordo com a espécie e depende, em grande parte, das condições no processo. Nos bioprocessos aeróbicos, o oxigênio é introduzido no biorreator (bolhas de ar) através de um compressor; nos bioprocessos anaeróbicos, é obtido pelos microrganismos por intermédio de substâncias que contêm oxigênio ligado molecularmente.

Os objetivos principais da agitação e da aeração são:

- distribuir bolhas de ar com consequente fornecimento de oxigênio aos microrganismos;
- aumentar a troca de calor e massa no meio; e
- manter o meio homogêneo durante todo o processo fermentativo.

1.5.4 Umidade

Os microrganismos somente sobrevivem na presença de água, que constitui algo entre 80% a 90% do peso total das células vivas, e a quantidade de água define a velocidade com que o crescimento microbiano ocorre. A umidade disponível é expressa como atividade de água (a_w), sendo calculada pela razão da pressão de vapor de água de uma solução/meio/alimento pela pressão de vapor da água pura.

As bactérias são os microrganismos que mais necessitam de água livre, em seguida vêm as leveduras e os bolores, algumas espécies de bolores têm grande tolerância à baixa atividade de água. A Tabela 1.1, a seguir, elenca os valores mínimos de atividade de água necessários para o crescimento microbiano a 25 °C.

Tabela 1.1 – Valores mínimos de a_w

Grupo microbiano	**A_w Mínima**
Maior parte das bactérias	0,88 – 0,91
Maior parte das leveduras	0,88
Maior parte dos bolores	0,80
Bactérias halófitas	0,75
Bolores xerotolerantes	0,71
Bolores xerófilos e leveduras osmófilas	0,60 – 0,62

Fonte: Farkas, 1997.

Esse valor é um indicador seguro da quantidade de água livre presente no meio e a ser aproveitada pelos microrganismos. O controle do nível de umidade é essencial para a otimização de processos de fermentação que ocorrem em meio semissólido/sólido.

Exercícios resolvidos

3. Considerando-se os fatores que influenciam o crescimento e o metabolismo dos microrganismos em um bioprocesso, como temperatura, pH, agitação e aeração, quantidade de nutrientes presentes no meio de cultivo e umidade, que é expressa pela atividade de água (a_w), analise as afirmações a seguir e coloque (V) para verdadeiro ou (F) para falso:
   ( ) A presença de oxigênio é um dos fatores necessários para que haja o metabolismo de todos os microrganismos.
   ( ) A temperatura ótima de crescimento está associada a um desenvolvimento mais rápido e máximo do metabolismo, o que varia de acordo com cada espécie de microrganismo.
   ( ) A agitação está relacionada a um melhor arejamento do meio, além de promover a homogeneização dos nutrientes.
   ( ) Grande parte das bactérias apresenta faixa de valores de pH do meio alcalino, sendo este o mais indicado para uma melhor absorção de alimentos. Contudo, alguns tipos de bactérias conseguem sobreviver em meios ácidos e neutros.

Assinale a alternativa que apresenta a sequência correta de preenchimento das lacunas:

a) V; V; F; V.
b) F; F; V; F.
c) V; V; F; F.
d) F; V; V, F.

Gabarito: (d). O controle de alguns parâmetros em um bioprocesso é necessário para se garantir um bom crescimento e metabolismo microbiano e, consequentemente, um bom rendimento do processo. A presença de oxigênio é indispensável apenas para os bioprocessos com microrganismos aeróbios. Os parâmetros ótimos são aqueles nos quais o microrganismo atinge seu maior crescimento/metabolismo. Cada parâmetro de operação é ajustado de acordo com as especificidades de cada tipo de processo.

Para saber mais

Recomendamos que leia o capítulo intitulado "Engenharia genética aplicada à microbiologia", que pode ser encontrado no volume 1 do livro *Microbiologia industrial: bioprocessos* (Nascimento et al., 2017). Você verá que a engenharia genética emprega certas técnicas com o intuito de alterar a composição genética de um ser vivo, incluindo o isolamento, a manipulação e a troca de genes intra e interespecíficos, de modo a gerar organismos novos ou melhorados.

Síntese

Neste capítulo, chegamos às seguintes conclusões:

- Um bioprocesso pode ser descrito como um processo que utiliza um agente biológico específico a fim de gerar, como produto, certa substância de valor agregado.
- Em geral, um bioprocesso desdobra-se nas seguintes fases: seleção da matéria-prima, preparação do meio de cultivo, esterilização do meio e/ou de equipamentos, processo produtivo, recuperação e purificação do produto.
- Os microrganismos se desenvolvem em um meio com carboidratos e outros nutrientes necessários para seu crescimento.
- Os metabólitos (produtos) produzidos por esses microrganismos têm valor industrial.
- Algumas aplicações de microrganismos estão na produção de biocombustíveis, antibióticos, aminoácidos, vitaminas, solventes industriais, enzimas e agentes processadores de alimentos.
- Os bioprocessos permitem, através da atividade de microrganismos geneticamente modificados, a síntese ou a modificação de produtos já obtidos pela via tradicional.
- O controle de alguns parâmetros, como pH, temperatura, umidade, aeração, agitação e nutrientes, é essencial para garantir um bom rendimento do bioprocesso.

Capítulo 2

Processos fermentativos industriais

Conteúdos do capítulo

- Fermentação descontínua.
- Fermentação descontínua alimentada.
- Fermentação semicontínua.
- Fermentação contínua.
- Fermentação em meio sólido.
- Cinética de processos fermentativos.

Após o estudo deste capítulo, você será capaz de:

1. diferenciar as formas de condução dos processos fermentativos e as aplicações efetuadas;
2. identificar os parâmetros cinéticos de um processo fermentativo;
3. perceber a importância de certos processos no setor industrial para a fabricação de diversos produtos químicos, alimentícios, farmacêuticos etc.

Os processos fermentativos ocorrem através do uso de microrganismos na conversão da matéria-prima (substrato) em produtos, catalisada por enzimas. Conforme a natureza do meio de fermentação, ela pode ser classificada em submersa (meio líquido), superficial ou semissólida (meio sólido). Com relação à forma de condução, as fermentações podem ser conduzidas pelos processos descontínuo, descontínuo alimentado, semicontínuo e contínuo.

Diversos produtos, gerados a partir do metabolismo dos microrganismos, podem ser obtidos por meio de processos fermentativos empregados em indústrias químicas, farmacêuticas e alimentícias. São exemplos o etanol (gerado a partir do metabolismo primário) e os antibióticos (gerados a partir do metabolismo secundário). Tais produtos, cabe apontar, são responsáveis pelo progresso da biotecnologia, que cumpre um papel fundamental na evolução da sociedade.

2.1 Tipos de processos fermentativos

Os processos fermentativos podem ocorrer por dois meios: (1) submerso (fermentação submersa) e (2) semissólido ou estado sólido (fermentação semissólida ou fermentação em estado sólido).

A **fermentação submersa** acontece em presença de água livre e geralmente com substratos solúveis. Um exemplo é o caldo de cana-de-açúcar na produção de etanol. Já a **fermentação em estado sólido** ocorre na ausência total ou parcial de água livre, em que o crescimento microbiano e os produtos são formados na superfície de substratos sólidos (Damaso; Couri, 2021).

Outra classificação dos processos fermentativos é quanto à forma de condução. As mais básicas são: processos descontínuo e contínuo. A fermentação descontínua alimentada e a fermentação semicontínua derivam das duas primeiras com o objetivo de resolver as falhas inerentes a esses dois processos. Essas quatro formas de operação são caracterizadas, sobretudo, por diferenças nos modos de adição do substrato e dos nutrientes.

2.1.1 Fermentação descontínua

A fermentação descontínua é também conhecida como *fermentação em batelada*. Tendo sido utilizada desde a Antiguidade, ainda hoje é a mais empregada na obtenção de vários produtos fermentados, principalmente nas indústrias de alimentos e bebidas, tais como vinho, cerveja e iogurte, podendo ser efetuada de duas formas: (1) com um inóculo por tanque ou (2) com recirculação de células.

Um processo fermentativo descontínuo simples (com um inóculo por tanque) pode ser conduzido da seguinte maneira: inicialmente, carrega-se a dorna (biorreator) com o mosto (meio de cultura ou meio de fermentação) e, em seguida, com os microrganismos, de modo a permitir que a fermentação ocorra em ótimas condições. Durante a fermentação, é adicionado oxigênio (caso o processo seja aeróbico), bem como ácidos, antiespumantes e bases para regular o pH do meio. O volume, no decorrer desse processo, permanece constante. Finalizada a fermentação, descarrega-se a dorna. O meio fermentado é enviado para a recuperação do produto, e a dorna deve ser lavada e esterilizada para ser novamente usada em outra fermentação (Schmidell et al., 2001).

A quantidade de microrganismos com concentração adequada a ser usada na fermentação do mosto é denominada *inóculo*, *pé de cuba* ou *pé de fermentação*. Para a multiplicação dos microrganismos, é necessária a mudança do fermentado para recipientes cada vez maiores. Nesse sentido, a preparação do inóculo pode ser dividida em duas fases:

1. **Fase laboratorial**: realizada em pequenas quantidades, em que uma cultura pura é incubada diretamente no meio, em condições ótimas para seu crescimento;
2. **Fase industrial**: realizada depois do crescimento inicial, em que o fermentado é levado à dorna ou ao fermentador (Figura 2.1).

Figura 2.1 – Etapas da preparação do inóculo

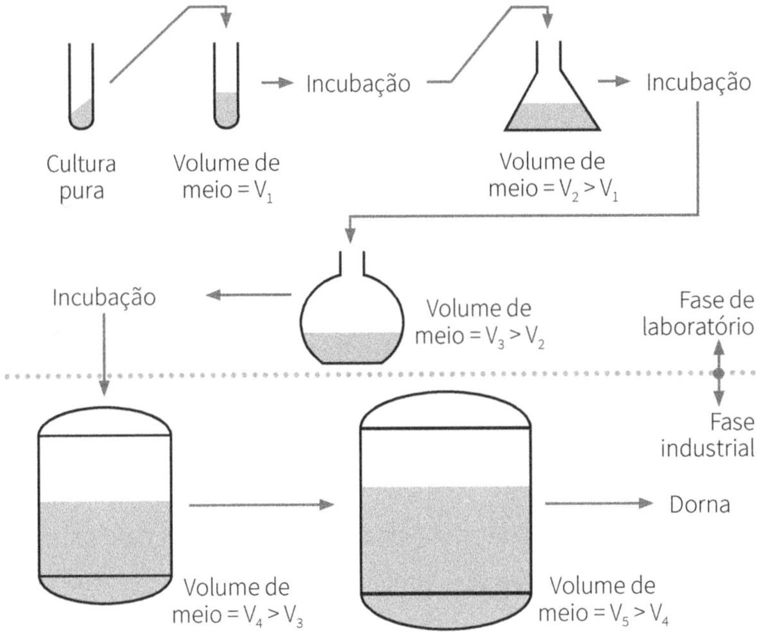

Fonte: Carvalho; Sato, 2001, p. 195.

O processo descontínuo simples conta com algumas vantagens, como: boas condições de assepsia; possibilidade de realizar manutenções sempre que necessário; menores perigos de contaminação; grande versatilidade de operação; maiores condições de controle da estabilidade genética do microrganismo utilizado; possibilidade de distinguir todos os materiais relacionados durante o desenvolvimento de um lote específico de determinado produto (Carvalho; Sato, 2001; Schmidell; Facciotti, 2001).

Bonilha (2016) explica:

> Uma alternativa ao processo batelada simples é a recirculação de células, ou seja, ao se encerrar a batelada efetua-se a separação das células por centrifugação ou mesmo sedimentação no interior do próprio biorreator, enviando apenas o líquido fermentado para a recuperação do produto. Com isso busca evitar o preparo de um novo inoculo para cada batelada, reduzindo custos e [...] tempo para a obtenção de altas concentrações de célula no reator.

Nesse tipo de processo, também denominado *batelada repetida* (Figura 2.2), existe a tendência ao aumento do número de contaminação a cada fermentação, técnica comum em destilaria de álcool, por exemplo.

Figura 2.2 – Batelada com recirculação de células

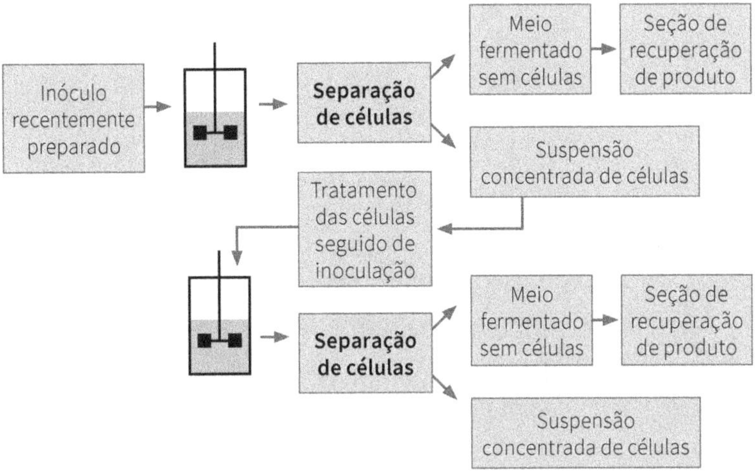

Fonte: Pereira Jr.; Bon; Ferrara, 2008, p. 42.

Ainda, o processo descontínuo pode ter como desvantagens rendimento e produtividade baixos, isso porque o substrato é adicionado uma única vez, no início da fermentação, o que pode acarretar efeitos de inibição, repressão ou desvio do metabolismo celular para produtos que não são os de interesse (Carvalho; Sato, 2001).

Nesses processos, as elevadas concentrações de açúcares presentes no substrato podem resultar em uma repressão chamada *efeito Crabtree*, no qual as enzimas da respiração celular são inibidas e a produção de álcool aumentada.
Por exemplo, quando o processo fermentativo é realizado com a *Saccharomyces cerevisiae*, esse problema pode ser resolvido por

meio do cultivo descontínuo alimentado, em que os nutrientes fundamentais podem ser alimentados conforme a necessidade do microrganismo durante o cultivo.

2.1.2 Fermentação descontínua alimentada

É um modo de operação no qual todos os nutrientes, incluindo o substrato, são adicionados de forma gradativa durante o processo fermentativo, e os produtos formados permanecem no meio até o tempo final da fermentação. Segundo Bonilha (2016), o processo descontínuo alimentado:

> É aquele no qual inicialmente se introduz o inóculo, ocupando uma fração do volume útil da ordem de 10 a 20%, iniciando-se então a alimentação com o meio de cultura, a uma vazão adequada, sem ocorrer a retirada de líquido processado. Essa operação prolonga-se até o preenchimento do volume útil do reator, quando então inicia-se a retirada do caldo processado [descarga] para a recuperação do produto.

Figura 2.3 – Processo descontínuo alimentado

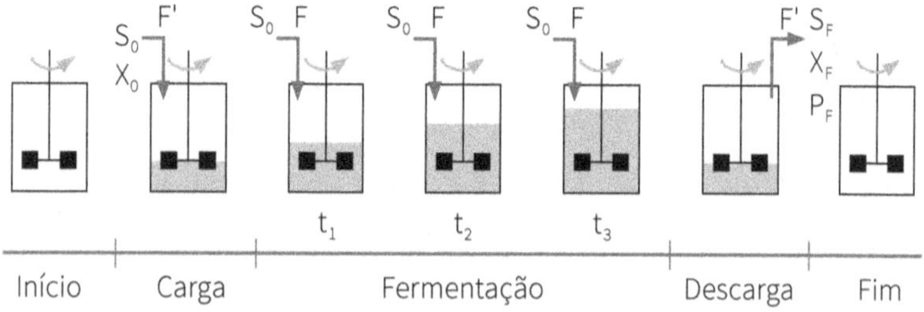

Fonte: Regueira, 2017.

Pode-se incluir nessas operações o reciclo de células, cuja função é iniciar um novo período de alimentação (Figura 2.4). Esse tipo de processo permite o controle da concentração de substrato, diminuindo o efeito inibitório causado pela concentração excessiva de açúcar. Isso pode ser gerido pela vazão de substrato ao sistema, com sua adição em momentos mais propícios da fermentação (Tonso, 1994).

Figura 2.4 – Processo descontínuo alimentado com recirculação de células

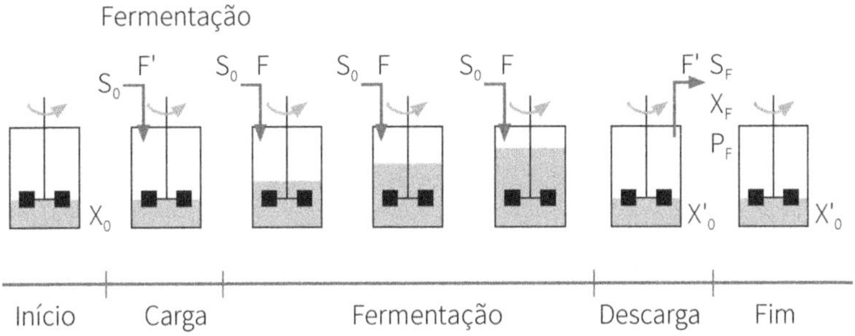

Fonte: Regueira, 2017.

Esse controle da concentração dentro do reator pode resultar em um deslocamento no metabolismo do microrganismo, favorecendo determinada via metabólica e o acúmulo de um produto específico (Carvalho; Sato, 2001). Diversas estratégias têm sido desenvolvidas para controlar a concentração dos nutrientes necessários para o metabolismo dos agentes biológicos dentro do intervalo ótimo, sendo aplicadas em culturas de células de alta densidade de vários desses microrganismos (Lee et al., 1999).

A adição do substrato/nutrientes pode ou não ser controlada por um mecanismo de retroalimentação, podendo ocorrer de duas formas:

1. **Controle direto**: é feito em função da concentração presente no meio.
2. **Controle indireto**: é realizado por outros parâmetros, como densidade óptica, pH, quociente respiratório etc.

Nos processos sem o mecanismo de retroalimentação, o substrato é adicionado ao processo de forma intermitente ou ininterrupta, podendo ser alimentado com vazão (F) constante ou variável (de modo linear ou exponencial) (Figura 2.5).

Figura 2.5 – Formas de alimentação da fermentação descontínua alimentada

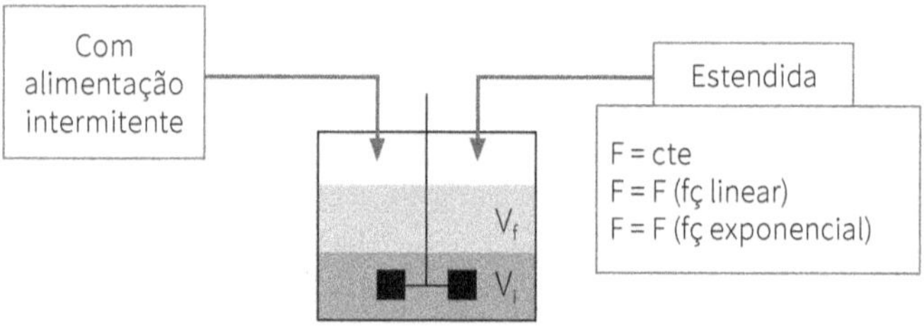

V_i: volume inicial; V_f: volume final

Fonte: Pereira Jr.; Bon; Ferrara, 2008, p. 43.

A fermentação alcoólica, por exemplo, pode ser conduzida por intermédio de um processo em batelada (descontínuo), batelada alimentada ou de forma contínua. No Brasil, os processos em batelada alimentada e com recirculação de células são os mais utilizados. Sua principal vantagem reside na possibilidade de controle da vazão de alimentação do meio, reduzindo, portanto, a inibição, causada pelas elevadas concentrações de substrato e/ou produto no metabolismo do microrganismo. Krauter et al. (1987) e Echegaray et al. (2000), ao trabalharem com o processo em batelada alimentado com adição do substrato de forma decrescente linear e decrescente exponencial, respectivamente, obtiveram um aumento na produtividade em etanol entre 10 e 14% comparado ao processo descontínuo.

Segundo Carvalho e Sato (2001), os processos descontínuos alimentados podem ser aplicados com as seguintes finalidades:

- minimizar a repressão catabólica, por exemplo, na produção de determinados antibióticos, como neomicina, estreptomicina e bacitracina, que sofrem repressão pela presença de glicose em concentrações mais elevadas;
- prevenir a inibição pelo substrato, ou seja, evitar que elevadas concentrações de substrato causem inibições da fermentação, como na fermentação alcoólica com *Saccharomyces cerevisiae* (concentração de glicose superior a 100 g/L pode causar inibição);
- superar problemas frequentes de estabilidade em processos contínuos, como contaminação, mutação espontânea e instabilidade de plasmídeos;
- adequar o processo fermentativo a condições operacionais, como no caso do aumento do tamanho das dornas usadas nas fermentações alcoólicas, em que a formação de espuma passou a ser um problema devido ao grande volume dos fermentadores, podendo ser resolvido com a operação em sistema descontínuo alimentado.

Exercícios resolvidos

1. Os bioprocessos podem ser conduzidos de forma descontínua, descontínua alimentada, semicontínua e contínua, por meio de vários modos de alimentação. Essa escolha deve ser feita considerando-se, principalmente, a natureza do microrganismo utilizado no bioprocesso. Com base nessas informações, assinale a alternativa que descreve uma característica do processo descontínuo alimentado:
   a) Ao substrato com os devidos nutrientes é adicionado o inóculo, e o processo ocorre sem retiradas de meio fermentado durante seu curso.
   b) O bioprocesso, quando realizado sem reciclo de células, resulta na composição química do meio fermentado, que é retirado ao longo do processo.
   c) O referido processo visa contornar o tradicional fenômeno de inibição por substrato, que acarreta um aumento dos níveis de produção das substâncias desejadas durante o bioprocesso.
   d) O referido processo caracteriza-se pela permanência das condições do meio de cultivo durante todo o bioprocesso, ou seja, as concentrações dos componentes do meio permanecem constantes.

Gabarito: (c). Em se tratando do processo fermentativo descontínuo (batelada) alimentado, o inóculo é adicionado inicialmente e, em seguida, o meio de cultivo (substrato/nutrientes). A composição desse meio de cultivo pode sofrer ou não ajustes, quando necessário, para produzir um fermentado com as características almejadas, visto que só é retirado no final do processo, para depois ser recuperado o produto obtido na fermentação.

2.1.3 Fermentação semicontínua

A fermentação é considerada semicontínua quando, dentro do biorreator, se procedem as seguintes operações (Borzani, 2001):

- alimenta-se o biorreator com o inóculo e o meio de cultura (substrato e nutrientes) (carga);
- em seguida, espera-se que a fermentação seja concluída (fermentação);
- logo após, parte do meio fermentado é retirado, mantendo-se no fermentador o restante do mosto (descarga);
- adiciona-se, ao fermentador, um volume de mosto igual ao volume de meio fermentado que foi retirado (nova etapa de carga) e repete-se a mesma sequência.

Figura 2.6 – Processo semicontínuo

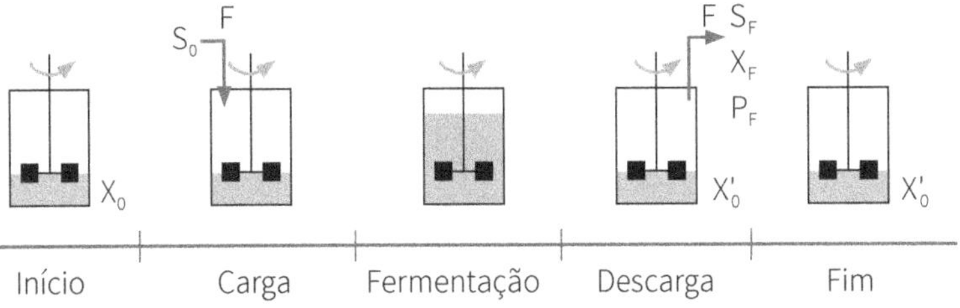

Fonte: Regueira, 2017.

Segundo Schmidell e Facciotti (2001), a fermentação semicontínua diferencia-se da batelada alimentada, pois, nela, o líquido processado é retirado e preenche-se o biorreator, quase instantaneamente, com uma vazão bem elevada. Ao final, retira-se novamente uma fração do volume, de 30 a 60%, e preenche-se, de novo, o reator.

Nos processos fermentativos semicontínuos, são utilizadas como inóculo as células da fermentação anterior, que podem ser uma fração homogênea do meio ou mesmo células separadas por sedimentação. De forma prática, para maiores volumes de meio, esse preenchimento instantâneo não ocorre, retornando ao reator descontínuo alimentado. Porém, não deixa de ser uma técnica diferente, em que a operação ocorre por choques de carga de substrato.

Algumas vantagens desse tipo de processo estão relacionadas à viabilidade de operar o biorreator por longos períodos, sem que seja necessário preparar um novo inóculo, além de aumentar a produtividade do reator apenas modificando a forma de operação.

2.1.4 Fermentação contínua

A fermentação contínua caracteriza-se pela alimentação do meio de cultura a uma vazão constante, em que o volume dentro do biorreator é mantido em razão da retirada contínua do meio fermentado.

Assim, o sistema deve ser mantido no estado estacionário (ou permanente), no qual suas propriedades permanecem constantes, ou seja, não variam ao longo do tempo. Um exemplo é a concentração de microrganismos, substrato e produto, que devem permanecer constantes durante todo o tempo de operação do processo fermentativo.

A constância de volume no biorreator significa, teoricamente, a necessidade de manter vazões idênticas de alimentação e retirada do meio, que, na prática, é quase impossível. Por isso, utilizam-se sistemas de retirada de amostras por transbordamento, de forma a se manter a quantidade de líquido constante dentro do biorreator. Também se empregam bombas com sistemas de controle automático no fermentador de modo que a massa dentro do reator seja constante.

A fermentação contínua pode ser operada por processo contínuo com um único reator (estágio) sem recirculação de células (Figura 2.7) ou com recirculação de células (Figura 2.8).

Figura 2.7 – Processo fermentativo contínuo com um único reator sem recirculação de célula

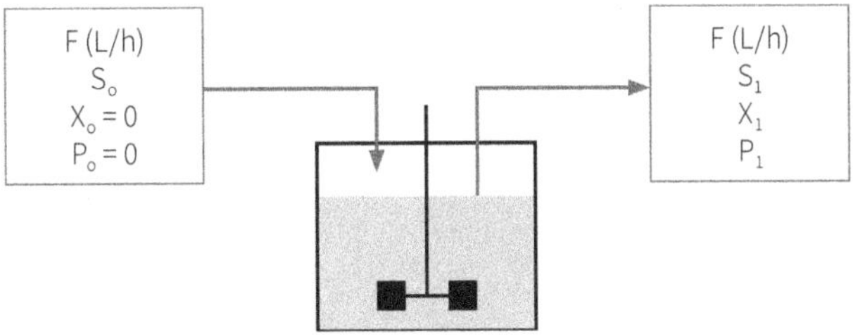

F: vazão de alimentação e de meio fermentado; S: concentração de substrato; X: concentração de células; P: concentração de produto (índice "o" refere-se à condição inicial e o índice "1" às concentrações na corrente que sai do biorreator)

Fonte: Pereira Jr.; Bon; Ferrara, 2008, p. 43.

Figura 2.8 – Processo fermentativo contínuo com um único reator e com recirculação de célula

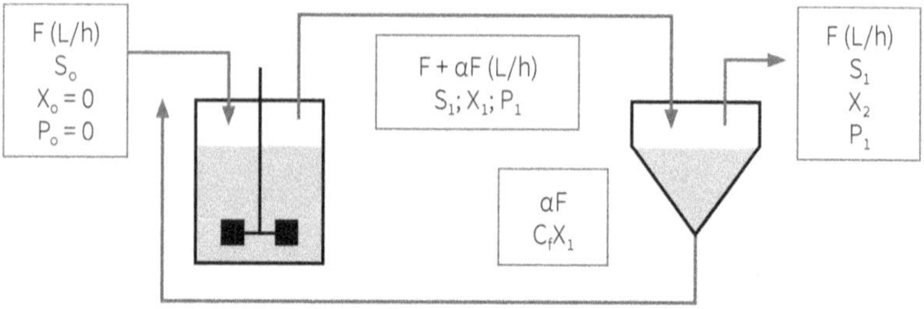

F: vazão de alimentação e de meio transformado; S: concentração de substrato; X: concentração de células e P: concentração de produto (o índice "o" refere-se à condição inicial; o índice "1" às concentrações na corrente que sai do biorreator e o índice "2" às concentrações que saem do separador). α: razão de reciclo e Cf: fator de concentração de células. Note que no separador as concentrações de substrato e produto são as mesmas que saem do biorreator, admitindo-se que não haja transformação na seção de separação de células

Fonte: Pereira Jr.; Bon; Ferrara, 2008, p. 43.

Observa-se que as concentrações de substrato e produto que são direcionados para a centrifuga são as mesmas que saem do biorreator, considerando-se que não haja transformação na seção de separação de células.

O processo com vários biorreatores em séries (multiestágios) também pode operar com uma única alimentação com e sem recirculação de células (Figura 2.9), além de com vários biorreatores em séries (multiestágios) com mais de uma alimentação com e sem recirculação de células (Figura 2.10).

Figura 2.9 – Sistema contínuo em múltiplos estágios com uma única alimentação e sem recirculação de célula

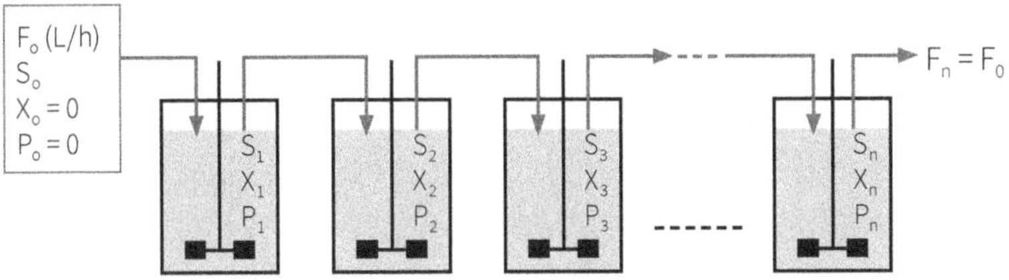

Os índices de S; X e P referem-se aos valores correspondentes à ordem do biorreator da série.

Fonte: Pereira Jr.; Bon; Ferrara, 2008, p. 44.

Figura 2.10 – Processo contínuo com biorreatores em série com mais de uma alimentação e sem recirculação de célula

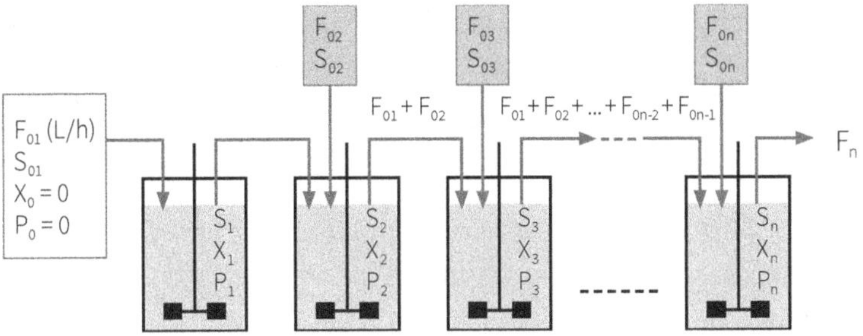

Os índices de F_0; S; X e P referem-se aos valores correspondentes à ordem do biorreator da série

Fonte: Pereira Jr.; Bon; Ferrara, 2008, p. 44.

Cada um desses processos resulta em um tipo de comportamento das variáveis de estado (células, substratos e produto). Se um processo operando de forma contínua em estado estacionário é submetido a oscilações na alimentação com componentes individuais (substrato ou algum nutriente) e se, em razão desse acréscimo/decréscimo, a concentração do microrganismo ou do produto mostra um aumento/uma diminuição transiente (transitório), isso indica que o componente é determinante para o crescimento celular e/ou para a produção e, tendo isso em vista, sua concentração no meio deverá ser aumentada ou diminuída para potencializar os rendimentos.

Exercícios resolvidos

2. Acerca dos processos fermentativos conduzidos de forma contínua, que apresentam características distintas a depender de sua forma de alimentação (único estágio com ou sem recirculação de células ou múltiplos estágios com ou sem recirculação de células), analise as afirmativas a seguir.
   I. Em uma fermentação contínua, com ou sem reciclo de células, em estado estacionário, se a vazão de alimentação for aumentada, isso acarretará ao meio de cultivo um estado transiente, antes que um novo estado estacionário seja alcançado.
   II. No processo fermentativo contínuo, tanto a alimentação do substrato/nutrientes quanto a retirada do meio fermentado são realizadas de maneira constante.

III. Um bioprocesso sendo conduzido de modo contínuo em um biorreator de mistura sem reciclo de células resulta em constante modificação na composição química do meio fermentado retirado ao longo do tempo.

Assinale a alternativa que apresenta as afirmativas corretas:

a) I, somente.
b) I e II.
c) I e III.
d) II e III.

Gabarito: (b). No processo fermentativo contínuo, que ocorre de forma estacionária, ou seja, cujas propriedades não variam ou sofrem alteração ao longo do tempo, a mesma taxa de entrada de substratos e nutrientes é mantida na saída do meio fermentado; assim, o volume do biorreator está sempre constante.

Os processos fermentativos conduzidos de forma contínua contam com, segundo Facciotti (2001), algumas vantagens, quais sejam:

- maior produtividade;
- maior homogeneidade do processo;
- preservação do agente biológico em um mesmo estado fisiológico;
- menor volume de equipamentos, em geral;
- ampla possibilidade de total automação;
- redução do consumo de insumos, em geral;
- condições ótimas de operação no estado permanente;

- viabilidade de associação com outras operações contínuas na linha de produção;
- pouca demanda de mão de obra.

Entretanto, esse tipo de condução de bioprocessos também apresenta desvantagens, entre elas, Facciotti (2001) menciona:

- maior investimento inicial;
- maior chance de contaminação;
- dificuldade de manutenção da homogeneidade;
- dificuldade de operação em estado permanente em determinados processos;
- chance de ocorrência de mutação genética espontânea (com consequente queda da produtividade).

O uso do processo fermentativo contínuo encontra grandes aplicações práticas, tais como a fermentação alcoólica e o tratamento de resíduos. Esses, vale ressaltar, são processos não assépticos. Já em processos em que se necessita de assepsia, como a produção de enzimas e antibióticos, o processo contínuo encontra ainda aplicações restritas.

A escolha de como um processo fermentativo será conduzido está relacionado à cinética do bioprocesso, tendo como parâmetro avaliativo o momento em que a formação do produto desejado se inicia.

2.1.5 Fermentação em meio sólido

A fermentação em estado sólido ou fermentação semissólida pode ser definida como um processo referente à cultura de microrganismos sobre a superfície de uma matriz sólida porosa, com reduzida quantidade de água livre. A água presente nesses sistemas encontra-se na matriz sólida do substrato ou numa fina camada absorvida pela superfície das partículas (Behera; Ray, 2016; Castro; Pereira Jr., 2010). O substrato deve conter umidade suficiente para permitir o crescimento do microrganismo e do metabolismo (Pandey, 2003).

Os substratos amiláceos (arroz, trigo, centeio, cevada, milho, mandioca) são, geralmente, fermentados entre 25% e 60% de umidade inicial. No entanto, os substratos celulósicos (palhas, cascas, bagaço, farelos e outros) permitem trabalhar com teores de umidade mais elevados, entre 60% e 80% (Soccol, 1992).

Os estudos sobre fermentação em estado sólido têm-se intensificado em razão de algumas vantagens, como: simplicidade do meio de cultura; tecnologia de baixo custo; maior produtividade dos extratos enzimáticos; alta concentração de produtos; e menor requerimento de espaço e energia (Singhania et al., 2011; Mitchell et al., 2006). Ainda, além de simular o *habitat* natural de microrganismos fúngicos selvagens, apresenta menor susceptibilidade à inibição e maior estabilidade das enzimas a variações de temperatura e pH (Singhania et al., 2010; Hölker; Höfer; Lenz, 2004). As maiores desvantagens, no entanto, são as dificuldades no acompanhamento e no controle dos parâmetros de fermentação (conteúdo de biomassa, pH, temperatura, umidade) (Hamidi-Esfahani; Shojaosadati; Rinzema, 2004).

Segundo Yoon et al. (2014), o mecanismo utilizado para produzir diferentes enzimas com uma ampla faixa de aplicações biotecnológicas por meio de fermentação em estado sólido tem se difundido. As principais aplicações em bioprocessos são: biorremediação e biodegradação de compostos perigosos, detoxificação biológica de resíduos agroindustriais, biorrefinaria, biopolpação e produção de metabolitos secundários, como alcaloides, enzimas, antibióticos e ácidos orgânicos (Castro; Sato, 2015; Singhania et al., 2009).

De acordo com Malajovich (2016), esse tipo de fermentação é empregado na produção de alimentos como o levedo da massa na panificação, na maturação de queijos por ação de fungos (*roquefort*, gorgonzola), no cultivo de fungos, na fermentação do cacau, do café, do chá etc. Em alguns lugares, essas fermentações ainda ocorrem artesanalmente, porém, hoje também existem equipamentos sofisticados com bandejas, colunas, frascos e tambores rotativos, alguns totalmente automatizados.

Exemplificando

No processo Koji, o fungo selecionado é inicialmente propagado em meio líquido para produzir um grande volume de inóculo, o qual é misturado a um meio contendo substrato sólido pré-esterilizado (fibra) para gerar a mistura conhecida como *koji*. Sob condições estritamente assépticas, o *koji* é então distribuído em bandejas e mantido em câmaras de fermentação ambientalmente controladas. Durante esse período, o fungo cresce rapidamente e secreta enzimas que quebram as fibras e liberam os nutrientes necessários para que possa continuar a crescer. Com a variação das matérias-primas, o fungo tem diferentes respostas com relação ao produto desejado (Rutz; Torero; Filer, 2008).

2.1.5.1 Biorreator de fase não aquosa

Os biorreatores utilizados em fermentações em meio sólido podem ser divididos em quatro tipos com base na forma de aeração ou no sistema de agitação empregado: (1) reator tipo bandeja; (2) reator de tambor rotativo horizontal; (3) reator de leito fixo ou empacotado; e (4) reator de leito fluidizado (Mitchell et al., 2006; Singhania et al., 2009).

Reatores estáticos ou com bandejas (Figura 2.11) são equipamentos compostos por bandejas de fundo inteiriço em madeira, aço ou materiais poliméricos ou de fundo perfurado, sendo que este possibilita maior contato do substrato na fase gasosa. Eles são dispostos em salas climatizadas e ventiladas, em estufas de bancada ou em bandejas individuais, com circulação de ar natural ou forçada, passando por umidificadores. Também podem ser utilizados sacos plásticos com fechamento vedado dispostos em estufas climatizadas. Os reatores do tipo bandeja são limitados pela transferência de massa e de calor, podendo desenvolver grandes temperaturas internas e gradientes de concentração de gás com altura do substrato acima de 40 mm (Pandey, 2004).

Figura 2.11 – Biorreator de bandeja

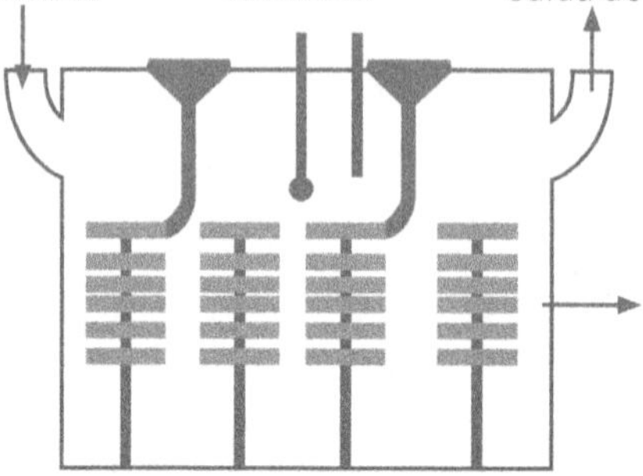

Fonte: Malajovich, 2012, p. 64.

São exemplos de reatores com agitação (Figura 2.12) os do **tipo tambor rotativo horizontal**, que apresentam aeração (se suprida, é feita com baixa pressão, e o ar fica no espaço entre a parte superior e o meio de cultivo) e rotação do cilindro (feita em torno de um eixo central, com o substrato sendo movimentado por meio de chicanas). No entanto, a rotação pode causar aglomeração e danos ao microrganismo. A maior desvantagem é que o tambor deve fermentar apenas com 30% de sua capacidade, de outro modo a mistura do substrato torna-se ineficiente (Hendges, 2006).

Figura 2.12 – Biorreatores: (a) tambor rotativo e (b) tambor agitado

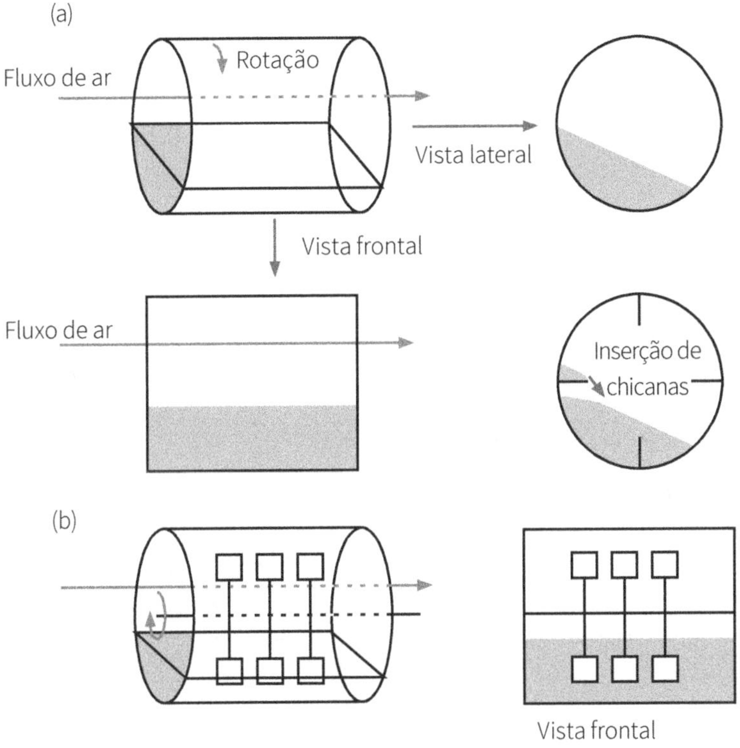

Fonte: Salles, 2013, p. 44.

Esses biorreatores apresentam uma melhor transferência de oxigênio e, devido à agitação, uma melhor homogeneização do meio. Em geral, são amplamente utilizados nas indústrias químicas e de processo como misturadores, secadores, moinhos e reatores para o processamento de materiais granulares (Santomaso; Olivi; Canu, 2004).

Reatores de leito fixo ou empacotado (ver Figura 1.4, no Capítulo 1) contêm um substrato estático, tendo como suporte uma base perfurada pela qual se aplica a aeração. Suas principais características são a umidade do meio, que é mantida por entrada de ar umidificado, e melhor controle de processo, se comparados aos reatores de bandeja. Contudo, as desvantagens estão na dificuldade de extração do produto final, no crescimento não uniforme do microrganismo, na dificuldade de remoção do calor e no escalonamento (Hendges, 2006).

Reatores de leito fluidizado (ver Figura 1.4, no Capítulo 1), a fim de evitar a adesão e a aglomeração de partículas do substrato, empregam a contínua agitação com ar forçado. Entretanto, a mistura do substrato pode provocar danos ao inóculo, bem como o acúmulo de calor pode afetar o rendimento e as propriedades do produto final (Couto; Sanromán, 2006).

A fermentação em estado sólido beneficia a sustentabilidade ambiental e, por isso, tem sido objeto de pesquisa agropecuária em quase todo o mundo, com vistas a promover um uso consciente dos recursos naturais e dos resíduos agrícolas e industriais, de modo a obter produtos com um menor custo (Damaso; Couri, 2021).

Existem diversos tipos de fermentações industriais, as mais relevantes, no entanto, são relativas à indústria de alimentos e à indústria química para a fabricação de bebidas alcoólicas e etanol carburante, bem como de leites fermentados, queijos, picles, chucrute, vinagre e ácido acético.

Para saber mais

A fermentação alcoólica, que integra a produção de álcool nas indústrias químicas e destilarias, é um exemplo de processo fermentativo contínuo realizado em múltiplos estágios com recirculação de células. O vídeo indicado a seguir mostra desde a alimentação das dornas (biorreatores) até as etapas de recuperação do produto e recirculação das células para, na sequência, iniciar um novo processo fermentativo.

PROCEDIMENTOS fermentação Destilaria Vital. 19 fev. 2015. Disponível em: <https://www.youtube.com/watch?v=L3cSThZ8Q3s&ab_channel=AlessandroBrantes>. Acesso em: 23 nov. 2021.

2.2 Cinética dos processos fermentativos

O estudo da cinética de um processo fermentativo consiste, inicialmente, segundo Hiss (2001), na análise da evolução dos valores de concentração dos componentes do sistema de cultivo conforme o tempo de fermentação. São eles:

- microrganismo ou biomassa (X);
- produtos do metabolismo (P);
- nutrientes ou substratos (S).

Tais valores de concentração dos componentes (X, P e S) podem ser expressos em função do tempo ($X = X(t)$, $P = P(t)$, $S = S(t)$) e permitem traçar as curvas de ajuste para a determinação de suas concentrações em determinado instante. A Figura 2.13 mostra um exemplo geral desse tipo de curva.

Figura 2.13 – Curvas de consumo de substrato, de crescimento de biomassa e de formação de produto

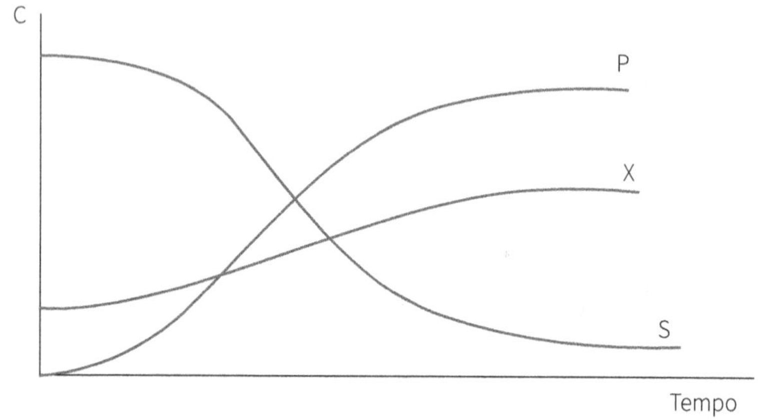

Fonte: Cinética..., 2021.

A curva de crescimento microbiano é fundamental no entendimento da dinâmica das populações e do controle durante, por exemplo, a preservação ou a deterioração de alimentos, da microbiologia industrial, como a produção de etanol, do curso e do tratamento de doenças infecciosas ou, ainda, do cultivo de microrganismos em um laboratório de pesquisa. As populações microbianas seguem uma série de fases de crescimento, sendo:

- Fase lag: período de adaptação em que, apesar de não se multiplicar, os microrganismos sintetizam enzimas e constituintes celulares.
- Fase log: a população cresce de maneira exponencial, sendo sintetizados numerosos metabólitos primários;

- Fase estacionária: devido ao esgotamento dos nutrientes e à acumulação de excretas, algumas células morrem, enquanto outras se dividem. No fim da fase log e início da fase estacionária começam a ser sintetizados os metabólitos secundários.
- Fase de declínio: sem a renovação dos nutrientes, as células morrem em um tempo variável. (Malajovich, 2012, p. 61)

Figura 2.14 – Crescimento microbiano

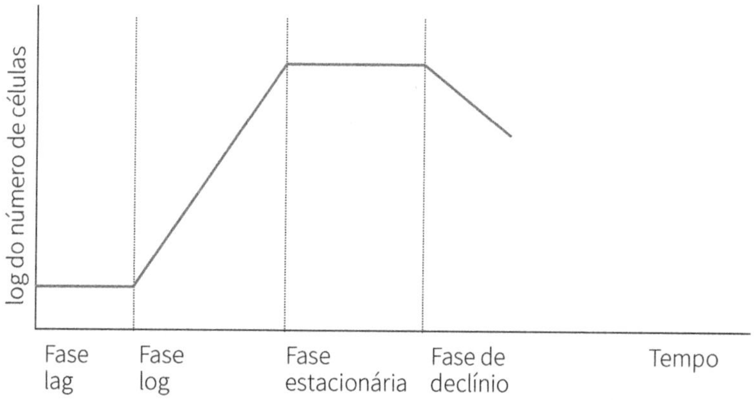

Fonte: Malajovich, 2012, p. 62.

Considerando-se que no metabolismo microbiano vários produtos podem ser formados (Figura 2.15), escolhe-se para o estudo cinético o produto de interesse econômico e o substrato limitante.

Figura 2.15 – Curvas de formação dos produtos e consumo do substrato

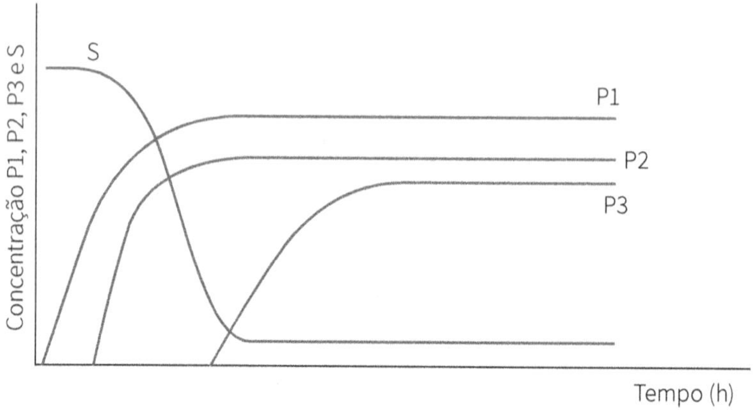

Fonte: Cinética..., 2021.

2.3 Velocidades instantâneas de transformação

Existem vários parâmetros relacionados à cinética dos processos fermentativos. As velocidades instantâneas de transformação, expressas pelas equações 1, 2 e 3, a seguir, são um deles e estão atreladas à taxa em que o substrato será consumido (r_s) (por isso o sinal negativo, indicando que sua concentração diminuirá), o aumento da biomassa/crescimento microbiano (r_x) e a velocidade de formação dos produtos (r_p) (com os sinais positivos indicando que as concentrações de produto aumentarão).

Equação 1

$$r_X = \frac{dX}{dt}$$

Equação 2

$$r_s = -\frac{dS}{dt}$$

Equação 3

$$r_p = \frac{dP}{dt}$$

Uma velocidade especial e de bastante interesse no desempenho dos processos fermentativos é a produtividade de biomassa (g/L · h), que pode ser calculada pela equação 4 e que expressa a velocidade média de crescimento microbiano em relação ao tempo total da fermentação:

Equação 4

$$P_x = \frac{X_f - X_0}{T_f}$$

Onde:

X_0= Concentração da biomassa inicial (g/L);

X_f= Concentração da biomassa final ou máxima (g/L);

T_f= Tempo total de cultivo (h).

O mesmo acontece para a concentração do produto, obtendo-se, assim, a produtividade do produto (g/L · h), que pode ser determinada pela equação 5:

Equação 0

$$P_p = \frac{P_f - P_f}{T_{fp}}$$

Onde:

P_0= Concentração do produto inicial (quantidade desprezível);

P_f= Concentração do produto final ou máxima;

T_{fp}= Tempo total de cultivo (não, necessariamente, igual a T_f).

2.4 Velocidades específicas de transformação

Considerando-se que, em um processo fermentativo descontínuo, a concentração da biomassa (microrganismo) aumenta, acarretando, consequentemente, um aumento na síntese das enzimas responsáveis por transformar o substrato em produto, seria mais conveniente analisar as velocidades instantâneas em relação a essa concentração de biomassa, podendo ser expressas pelas equações 6, 7 e 8, demonstradas a seguir.

Equação 6

$$\mu_x = \frac{1}{X} \cdot \frac{dX}{dt}$$

Equação 7

$$\mu_S = \frac{1}{S} \cdot \frac{dS}{dt}$$

Equação 8

$$\mu_P = \frac{1}{P} \cdot \frac{dP}{dt}$$

Essas equações expressam as velocidades específicas de crescimento microbiano, consumo de substrato e formação de produtos em um dado instante.

2.5 Coeficientes de rendimento

O rendimento dos processos fermentativos pode ser calculado a partir de vários coeficientes que relacionam as principais variáveis do processo – quantidade de substrato, biomassa e produto –, são eles: **rendimento de biomassa**, que pode ser obtido em relação à quantidade média de biomassa produzida por unidade de substrato consumido (equação 9) ou por unidade de produto formado (equação 10), e **rendimento de produto** (equação 11), dado pela quantidade de produto resultante de uma quantidade determinada de substrato.

Equação 9

$$Y_{X/S} = \frac{X - X_0}{S_0 - S}$$

Equação 10

$$Y_{X/P} = \frac{X - X_0}{P - P_0}$$

Equação 11

$$Y_{P/X} = \frac{P - P_0}{S_0 - S}$$

Onde:

X_0, S_0 e P_0 são as quantidades iniciais de biomassa, substrato e produto (g/g).

Se todos esses valores permanecem constantes durante o cultivo, no final da fermentação – onde: $X = X_{max}$, $P = P_{max}$ e $S = 0$ (todo o substrato convertido em produto) –, chega-se às equações 12, 13 e 14 em função dos valores máximos:

Equação 12

$$Y_{X/S} = \frac{X_{max} - X_0}{S_0}$$

Equação 13

$$Y_{X/P} = \frac{X_{max} - X_0}{P - P_{max}}$$

Equação 14

$$Y_{P/S} = \frac{P_{max} - P_0}{S_0}$$

Igualando-se as equações 9 e 12, obtém-se a equação 15, a seguir, que pode ser mais confiável, pois X_0 apresenta um erro experimental mais elevado do que X_{max}, embora nem sempre o substrato se esgote completamente (Hiss, 2001).

Equação 15

$$Y_{X/S} = \frac{X_{max} - X}{S}$$

Essa equação é bastante utilizada para se determinar a concentração do substrato limitante, por meio da qual se define a concentração máxima de biomassa (X_{max}).

O que é

Denomina-se ***substrato limitante*** aquele que, conforme sugere o próprio nome, limita a quantidade de produto que pode ser formada em um dado processo fermentativo. Isso significa que, mesmo havendo outros nutrientes necessários para o crescimento e o metabolismo dos microrganismos, quando o substrato limitante for totalmente consumido, a reação, até então em curso, se encerrará, mesmo que haja a presença de outros nutrientes no meio.

Como o biorreator opera em estado estacionário em uma fermentação conduzida de forma contínua, não há variação de X, S e P em função do tempo, logo, nesse tipo de processo fermentativo, as variáveis X, S e P mudam em função da vazão específica de alimentação D (F/V). Assim, a concentração celular (X) permanece praticamente constante em uma grande faixa de valores de D. As maiores produtividades estão próximas de D = μmax (velocidade máxima), mas esta é uma condição muito instável. Por isso, costuma-se trabalhar com D em torno de 10% a 15% menor que μmax.

Exercícios resolvidos

3. No processo fermentativo de aguardente artesanal, desenvolvida em laboratório com a levedura *Saccharomyces cerevisiae*, foram obtidos os dados mostrados na Tabela A. Com base nesses dados, calcule as produtividades de biomassa e produto e os coeficientes de rendimento de substrato em células e substrato em produto.

Tabela A – Dados de processo fermentativo desenvolvido em laboratório

Volume do meio de cultivo	3,0 L
Tempo decorrido do processo	114 h
Massa de etanol produzida	150 g
Aumento na massa de células	142 g
Consumo de glicose	240 g

Assinale a alternativa que apresenta os valores de P_p, P_x, $Y_{x/s}$ e $Y_{P/S}$, respectivamente:

a) 0,44; 0,42; 0,59; 0,63.
b) 0,44; 0,42; 0,63; 0,59.
c) 0,42; 0,44; 0,59; 0,63.
d) 0,42; 0,44; 0,63; 0,59.

Gabarito: (a). As produtividades de biomassa (P_x) e de produto (P_P) podem ser obtidas por meio das equações 4 e 5, mencionadas no decorrer da seção. Como essas equações estão escritas em função da concentração de células e produto, pode-se obter essa concentração dividindo-se a massa (em g) pelo volume (em L). Os dados dispostos na tabela já apresentam a variação das quantidades iniciais e finais em massa, o aumento de biomassa, o consumo de substrato e o produto formado. Logo, é possível calcular as produtividades P_x e P_p da seguinte maneira:

$$P_x = \frac{X_f - X_0}{T_f} \cdot \frac{142g}{3L \,.\, 114h} = 0{,}4152\ldots = 0{,}42\ g/L \cdot h$$

$$P_p = \frac{P_f - P_0}{T_{fp}} \cdot \frac{150g}{3L \,.\, 114h} = 0{,}4385\ldots = 0{,}44\ g/L \cdot h$$

Obtendo os valores arredondados de 0,42 e 0,44 g/L · h, respectivamente.

Com relação aos coeficientes de rendimento, é possível calcular por meio das equações 9 (substrato em células) e 11 (substrato em produto), chegando aos seguintes valores:

$$Y_{X/S} = \frac{X - X_0}{S_0 - S} = \frac{142g}{240g} = 0{,}5916... = 0{,}59\ gx/gs$$

$$Y_{P/S} = \frac{P - P_0}{S_0 - S} = \frac{150g}{240g} = 0{,}625 = 0{,}63\ gp/gs$$

Neste caso, como a questão pede os valores dos parâmetros nesta ordem, P_p, P_x, $Y_{x/s}$ e $Y_{P/S}$, respectivamente, a alternativa correta é a letra (a).

Síntese

Neste capítulo, chegamos às seguintes conclusões:

- O processo fermentativo descontínuo ou batelada pode ser desenvolvido com um inóculo por tanque ou com recirculação de células, sendo alimentado de uma só vez.
- O processo fermentativo descontínuo alimentado pode ser executado com um inóculo por tanque ou com recirculação de células, e sua alimentação pode ser controlada.
- O processo semicontínuo difere do descontínuo alimentado pelo fato de parte do meio fermentado ser retirado, sendo que um volume de mosto igual ao volume de meio fermentado retirado é adicionado instantaneamente.
- O processo fermentativo contínuo é o mais versátil, pois possibilita várias formas de operação, entre elas: com um único reator com ou sem recirculação de células, com biorreatores em séries operando com única alimentação com/sem recirculação de células, e com biorreatores em séries com mais de uma alimentação com/sem recirculação de células.
- Aproximadamente 90% dos preparados enzimáticos industriais são conduzidos em meio submerso e, na maioria das vezes, com microrganismos geneticamente modificados.
- Cada microrganismo pode se adequar melhor a um processo fermentativo submerso, se comparado ao processo em estado sólido, bem como produzir metabólitos diferentes com atividades distintas dependendo do processo utilizado, logo, não é possível generalizar as vantagens referentes a cada um desses processos.

Capítulo 3

Produção de etanol

Conteúdos do capítulo

- Setor sucroalcooleiro.
- Cana-de-açúcar.
- Etanol.
- Fermentação alcoólica.
- Processo de produção de etanol.

Após o estudo deste capítulo, você será capaz de:

1. ratificar a relevância do setor sucroalcooleiro no Brasil;
2. descrever características da cana-de-açúcar e seu emprego na produção de etanol;
3. identificar as etapas de um processo industrial de produção de etanol;
4. diferenciar os tipos de etanol e suas aplicações.

Atualmente, o Brasil é o segundo maior produtor mundial de etanol, ficando atrás apenas dos Estados Unidos. Segundo a Companhia Nacional de Abastecimento (Conab), a partir do levantamento da safra 2019/20 de cana-de-açúcar, o Brasil registrou um total de 35,6 bilhões de litros provenientes da cana-de-açúcar (34 bilhões de litros) e do milho (1,6 bilhão de litro), a maior produção de etanol da história (Brasil..., 2020). O álcool etílico ou etanol é produzido pela fermentação de açúcares contidos em frutas, grãos e caules (como na cana-de-açúcar).

Além do uso como combustível, o etanol é utilizado para a fabricação de bebidas. As bebidas alcoólicas são classificadas em: fermentadas, destiladas e compostas. A matéria-prima para a produção de bebidas destiladas é o *álcool neutro*, denominação que procura englobar diversos "tipos" de álcool, por exemplo, álcool fino, álcool extrafino, álcool de qualidade industrial. *Grosso modo*, o álcool neutro corresponde a um tipo de álcool com baixos teores de impurezas (hidratado ou anidro). Os usos do álcool neutro contemplam, sobretudo, mas não somente, as indústrias de bebidas, farmacêuticas, cosméticas, de tintas e vernizes e alcoolquímica.

3.1 Setor sucroalcooleiro

Alavancado pelo crescimento do setor automobilístico e pelos investimentos em fontes ecologicamente favoráveis, um setor industrial que adquiriu forte representatividade na economia brasileira foi o sucroalcooleiro. Segundo Lins e Saavedra (2007, p. 7),

> O setor sucroalcooleiro brasileiro abrange as empresas que produzem açúcar ou álcool, ou atuam em algum elo da cadeia produtiva desses elementos. No Brasil, esse setor está diretamente relacionado às culturas de cana-de-açúcar, uma vez que este é o principal insumo para os processos produtivos citados.
>
> Muitas usinas trabalham com os dois produtos, açúcar e álcool, variando a proporção de cana dedicada a cada linha de produção de acordo com variações e tendências do mercado.

São duas as variantes básicas do álcool combustível, em função da proporção de água presente na mistura final:

1. álcool anidro: utilizado como aditivo à gasolina;
2. álcool hidratado: usado como combustível em motores a álcool ou *flexfuel*.

> O uso intensivo da cana-de-açúcar como elemento de base para a produção do açúcar e do álcool, aliado à condição climática e a outros fatores ambientais, confere diversos diferenciais à produtividade e à qualidade dos produtos brasileiros frente a alternativas estrangeiras, as quais se utilizam de outros insumos, como o milho ou a beterraba. (Lins; Saavedra, 2007)

Basicamente, o setor está organizado em três estágios: (1) plantação e cultivo da cana-de-açúcar; (2) produção do açúcar ou álcool; (3) comercialização do produto final. Algumas empresas atuam em todos os estágios, mas a grande maioria estabelece parcerias e contratos de longo prazo, sobretudo no que diz respeito a atividades de fornecimento de cana-de-açúcar e comercialização, a fim de focalizar na produção do açúcar ou do álcool (Lins; Saavedra, 2007).

3.2 Cana-de-açúcar

A cultura da cana-de-açúcar está relacionada à história e ao progresso do Brasil, pois, desde a colonização, a cana tem passado por um longo e produtivo desenvolvimento agronômico e industrial. “A forte expansão da cultura da cana-de-açúcar no Brasil deve-se à valorização do etanol, como uma das principais fontes de energia limpa, uma vez que o mundo passou a reconhecer a necessidade de mudar sua matriz energética, até agora baseada quase que exclusivamente em combustíveis fósseis" (Goes; Marra; Silva, 2008, p. 40).

A cana-de-açúcar é uma planta da família *Poaceae* e pertence à classe monocotiledônea. As principais espécies surgiram na Oceania (Nova Guiné) e na Ásia (Índia e China); as variedades no Brasil e no mundo são híbridos multiespecíficos (obtidos a partir do cruzamento entre duas linhagens puras com genótipos diferentes). As principais características dessa família são a inflorescência em forma de espiga, o crescimento do caule em colmos, as folhas com lâminas de sílica em suas bordas e a bainha aberta.

A planta na forma nativa é perene, de hábito ereto e levemente decumbente na fase inicial do desenvolvimento. Nas fases seguintes, a cana-de-açúcar sofre seleção dos perfilhos por autossombreamento. O crescimento em altura continua até a ocorrência de alguma limitação no suprimento de água, de baixas temperaturas ou, ainda, devido ao florescimento (Santos; Borém; Caldas, 2012).

A Figura 3.1 mostra as fases do crescimento vegetativo da cana-de-açúcar, do plantio à maturação.

Figura 3.1 – Fases do crescimento vegetativo da cana-de-açúcar

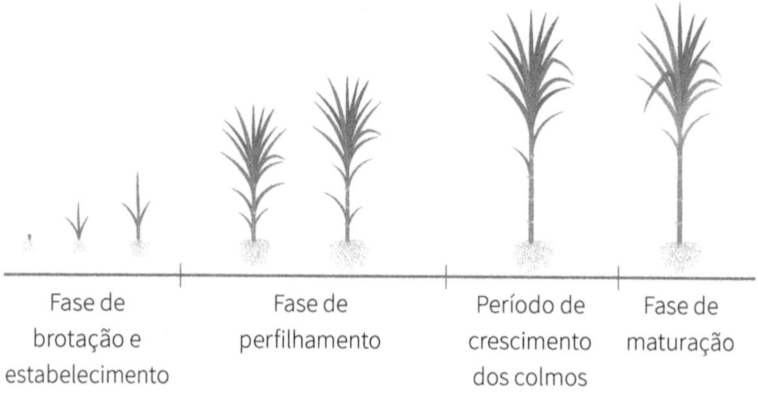

Kalinin Ilya/Shutterstock

Fonte: Gascho; Shih, 1983, p. 458.

A cana é uma planta composta, em média, de 65% a 75% de água, mas seu principal componente é a sacarose, que corresponde de 70% a 91% de substâncias sólidas solúveis. O caldo conserva todos os nutrientes da cana-de-açúcar, entre eles estão minerais como ferro, cálcio, potássio, sódio, fósforo, magnésio e cloro, além de vitaminas do complexo B e C. A planta contém, ainda, glicose, frutose, proteínas, amido, ceras e graxos e corantes.

O açúcar, que é o produto de interesse, está dissolvido no caldo, portanto, o objetivo é extrair a maior parte possível desse caldo. Em escala industrial, existem dois processos de extração: (1) a moagem e (2) a difusão. Após a extração, o caldo é tratado, fermentado e, por fim, destilado para a fabricação do etanol.

A importância da cana-de-açúcar pode ser atribuída às suas múltiplas possibilidades de uso, podendo ser empregada *in natura*, sob a forma de forragem, para alimentação animal ou como matéria-prima para a fabricação de rapadura, melaço, aguardente, açúcar e álcool.

3.3 Etanol

O etanol (C_2H_2OH), também chamado de *álcool etílico*, é uma substância obtida por fermentação e posterior destilação. No Brasil, utiliza-se a cana-de-açúcar para a produção do etanol, enquanto nos Estados Unidos e no México recorre-se ao milho.

O etanol obtido a partir da cana-de-açúcar representa um grande sucesso tecnológico para o Brasil. A indústria da cana mantém o maior sistema de energia comercial de biomassa no mundo, por meio da produção de etanol combustível e do uso do bagaço e da palha (resíduos do processo de produção do etanol) para geração de eletricidade (Schulz, 2010; Wu et al., 2011). Por ser produto de itens agrícolas renováveis em vez de recursos petrolíferos, essa forma de energia não resulta em emissões significativas de CO_2 e outros gases que causam o efeito estufa. O dióxido de carbono emitido no processo de combustão é, aproximadamente, igual à quantidade absorvida pelas plantas utilizadas para produzi-lo.

Segundo Alisson (2017), a expansão do cultivo de cana-de-açúcar no Brasil para produção de etanol em áreas que não são de preservação ambiental ou destinadas à produção de alimentos tem o potencial de substituir até 13,7% do petróleo consumido mundialmente e reduzir as emissões globais de dióxido de carbono (CO_2) em até 5,6% até 2045.

O produto final, de acordo com a graduação e os teores de impurezas, tem diversas aplicações, como: biocombustíveis para veículos (etanol hidratado e etanol anidro), produção de bebidas, matéria-prima para indústrias farmacêutica, de cosméticos e alcoolquímicas (etanol neutro) (Santos; Borém; Caldas, 2012).

O etanol hidratado é o etanol comum vendido nos postos, enquanto o etanol anidro é misturado à gasolina. A diferença entre eles está na quantidade de água presente em cada um. "O etanol hidratado combustível possui entre 95,1% a 96% de etanol e o restante de água, enquanto o etanol anidro (também chamado de etanol puro ou etanol absoluto) possui pelo menos 99,6% de graduação alcoólica" (Anidro..., 2021). Desde julho de 2007, a partir da publicação da Portaria n. 143 do Ministério da Agricultura, Pecuária e Abastecimento (Mapa), de 20 de abril de 2020 (Brasil, 2020), toda gasolina vendida no Brasil deve conter 25% de etanol combustível anidro (Zanardi; Costa Jr., 2016). O álcool etílico anídrico (anidro) é amplamente utilizado na indústria química como matéria-prima para a fabricação dos ésteres e dos éteres, de solventes, tintas e vernizes, de cosméticos, pulverizadores etc.

A produção de álcool neutro é feita a partir do álcool hidratado e requer a operação de hidrosseleção, que consiste na adição de água quente no topo da coluna para alterar a solubilidade e a volatilidade das substâncias, induzindo-as à separação. No topo da coluna, sai uma mistura concentrada de impurezas voláteis e, na base, uma mistura hidroalcoólica purificada de baixo grau (10 a 12 INPM). Essa operação é necessária por se tratar de um produto que exige alto índice de pureza, em razão de sua aplicação, por exemplo, nas indústrias de bebidas e cosméticos (Santos; Borém; Caldas, 2012).

Exercícios resolvidos

1. O etanol ou álcool etílico é um biocombustível bastante inflamável e largamente utilizado em automóveis. Produzido através da fermentação, em especial da cana-de-açúcar, é considerado uma fonte de energia renovável, pois sua matéria-prima são certos tipos de plantas. A esse respeito, analise as afirmativas a seguir.

   I. O aumento do consumo de álcool hidratado no Brasil está relacionado com o sucesso dos automóveis *flexifuel* no mercado de veículos.
   II. O uso do álcool anidro misturado com a gasolina é uma forma de diminuição das emissões de gases que causam o efeito estufa.
   III. Veículos movidos a álcool utilizam como combustível o álcool anidro (mistura de etanol com pequena porcentagem de água).
   IV. As principais vantagens dos biocombustíveis são a sustentabilidade ambiental e o potencial para substituir, de maneira total ou parcial, os combustíveis fósseis.

   Assinale a alternativa que apresenta as afirmativas corretas:

   a) III e IV.
   b) II e IV.

c) II, III e IV.

d) I, II e IV.

Gabarito: (d). Carros movidos a álcool não são abastecidos com álcool anidro, mas sim álcool hidratado. O anidro compõe a mistura com a gasolina para carros movidos a gasolina.

3.3.1 Impurezas

O etanol pode conter algumas substâncias residuais provenientes da matéria-prima de extração, sendo necessário, por isso, purificá-lo, de acordo com sua aplicação.

Segundo Zarpelon (2021), são exemplos de possíveis produtos secundários presentes no álcool, após o processo de fermentação e, na maioria das vezes, em pequenas concentrações, as seguintes substâncias:

- **Acetona ($CH_3(CO)CH_3$)**: substância volátil, formada a partir do isopropanol, com ponto de ebulição (PE) igual a 56,5 °C. Se inalada, acarreta dores de cabeça, fadiga, irritação dos brônquios.
- **Ácido acético (CH_3COOH)**: normalmente, não causa danos se ingerido, porém pode formar outros compostos pela reação com o álcool.
- **Álcoois superiores – N-propanol (PE = 97,2 °C), Isobutanol (PE = 117,5 °C), Isoamílico (PE = 132 °C)**: resultantes da decomposição de células de leveduras. "Têm odores intensos, irritante aos olhos, membranas mucosas, causando depressão" (Zarpelon, 2021).

- **Aldeído acético ou acetaldeído (CH_3CHO)**: formado nas etapas intermediárias do ciclo biológico da produção do etanol. É volátil e apresenta PE igual a 21 °C, com odor pungente e ação narcótica.
- **Acetal ou dietilacetal ($(CH_3CHOCH_2CH_3)_2$)**: formado a partir de acetaldeído e álcool. É um líquido volátil, com PE de 102,7 °C; substância tóxica e hipnótica.
- **Carbamato de etila ou uretana ($NH_2COOC_2H_5$)**: formado na destilação de vinhos produzidos com ureia como nutriente. É anestésico e cancerígeno.
- **Crotonaldeído ($CH_3CHCHCHO$)**: resultante da combinação de dois aldeídos acéticos. Apresenta PE de 104 °C, gera vapor lacrimejante extremamente irritante aos olhos, pele e mucosas.
- **Éster ou acetato de etila ($CH_3COOCH_2CH_3$)**: formado pela combinação de ácido acético e álcool. Apresenta PE de 77 °C. Confere odor de frutas ao álcool. Em baixas concentrações, não é tóxico, apresentando gosto agradável.
- **Metanol (CH_3OH)**: formado a partir da presença de compostos de pectinas. Apresenta PE igual a 64,7 °C. "Perigoso quando ingerido, inalado ou absorvido pela pele. Provoca dores de cabeça, fadiga e náusea" (Zarpelon, 2021).
- **Metiletilcetona ($CH_3COCH_2CH_3$)**: formado por oxidação de isobutanol. Com PE 79,6 °C. "Inflamável, odor de acetona, forma azeótropo com a água (73,4 °C)" (Zarpelon, 2021).
- **Diacetil ($CH_3COCOCH_3$)**: formado a partir de metiletilcetona. Apresenta PE de 88 °C. É um líquido amarelo-esverdeado que gera vapores com odor de cloro.

3.4 Fermentação alcoólica

A fermentação alcoólica é um processo que ocorre por meio da ação de um microrganismo (na maioria dos casos, uma levedura) sobre os açúcares fermentescíveis presentes em uma matéria-prima, gerando como produtos álcool (etanol) e gás carbônico. Esse tipo de fermentação também ocorre pela ação de algumas bactérias; a levedura *Sacharomices cerevisae* é a mais empregada, porque apresenta alta eficiência fermentativa. A fermentação alcoólica é usada principalmente na produção de pães e bebidas alcoólicas, como vinhos e cervejas, e etanol.

O Brasil domina a tecnologia de produção de etanol pelo processo de fermentação. O setor sucroalcooleiro nacional é um dos mais competitivos do mundo, contando com boa produtividade, bom rendimento industrial e baixos custos de produção.

Segundo Zanardi e Costa Jr. (2016), a fermentação alcoólica contempla duas etapas principais em condições anaeróbias. A primeira consiste na **hidrólise da sacarose** pela enzima invertase em duas moléculas fermentescíveis, uma de glicose e uma de frutose (equação 1); a segunda etapa é a reação de **produção de álcool e CO_2** propriamente dita (equação 2).

Equação 1

$$C_{12}H_{22}O_{11} + H_2O \rightarrow C_6H_{12}O_6 + C_6H_{12}O_6$$

Equação 2

$$C_6H_{12}O_{6(aq)} \rightarrow 2C_2H_5OH_{(aq)} + 2CO_{2(g)} + \text{ATP (energia)}$$

Pela estequiometria da reação, a partir de 100 g de glicose, são produzidos 51,11 g ou 64 mL de etanol, ou seja, esses valores equivalem a um rendimento teórico de 0,511 g por mol de glicose. Esse rendimento é conhecido como *rendimento Paster.*

Conforme Lima e Marcondes (2002), esse rendimento pode ser facilmente atingido quando, no processo fermentativo, é empregado um sistema de reutilização celular, isto é, reutilização da levedura, ou também um processo de fermentação contínua.

Alguns parâmetros influenciam a fermentação alcoólica, por exemplo, a temperatura, a acidez e a quantidade de nitrogênio disponível. O processo da fermentação alcoólica fica inativo em baixas temperaturas, como abaixo de 14 °C. Para temperaturas na faixa de 14 °C e 20 °C, a fermentação ocorre lentamente, e as leveduras geram uma quantidade maior de ésteres aromáticos, em comparação com uma fermentação em condições ótimas, que se efetiva em temperaturas em torno de 25 °C a 30 °C, um tipo de fermentação rápida na qual são perdidos muitos compostos aromáticos. Para temperaturas acima de 32 °C, já se pode observar a morte ou inativação das leveduras no processo fermentativo, o que resulta em baixos rendimentos alcoólicos.

Na produção de cervejas e vinhos, a temperatura do processo afeta diretamente o sabor do produto. O melhor pH para a fermentação das leveduras é o neutro ou levemente ácido. A proliferação das leveduras requer a presença de nitrogênio, que pode ser adicionado nos processos fermentativos através de pequenas quantidades de fosfato de amônia [$(NH_4)_3PO_4$].

Exercícios resolvidos

2. A fermentação é um processo de conversão de uma substância em outra, produzida a partir de microrganismos como fungos e bactérias, a nível industrial de fermentos. Sobre a fermentação alcoólica e as reações de conversão que ocorrem nesse processo, analise as afirmações a seguir.

   I. As leveduras são microrganismos que realizam o processo de fermentação alcoólica, no qual há produção de etanol e de ATP.

   II. O metabolismo microbiano nos processos fermentativos é um processo de degradação de moléculas orgânicas com liberação de energia usada para formar ATP.

   III. Na reação de fermentação a partir da quebra da glicose, a fermentação promove a produção de ATP e pode ter como subproduto o álcool e a liberação do O_2.

   Assinale a alternativa que apresenta as afirmativas corretas:

   a) I, somente.
   b) I e II.
   c) I e III.
   d) II e III.

   Gabarito: (b). A fermentação alcoólica ocorre pela conversão da glicose em etanol a partir do metabolismo, em sua maior parte, de uma levedura, acarretando também liberação de gás carbônico, e não de gás oxigênio. Além disso, essa reação é exotérmica, ou seja, ocorre com liberação de energia, que, nesse caso específico, forma ATP (sigla usada para indicar a molécula de adenosina trifosfato, a qual constitui a principal forma de energia química, uma vez que sua hidrólise libera grande quantidade de energia livre.

3.5 Processo de produção

O processo de produção industrial de etanol envolve as seguintes etapas

- recepção da cana;
- preparo da cana;
- moagem;
- tratamento do caldo;
- fermentação alcoólica;
- destilação;
- geração de vapor.

Figura 3.2 – Fluxograma da produção industrial de etanol

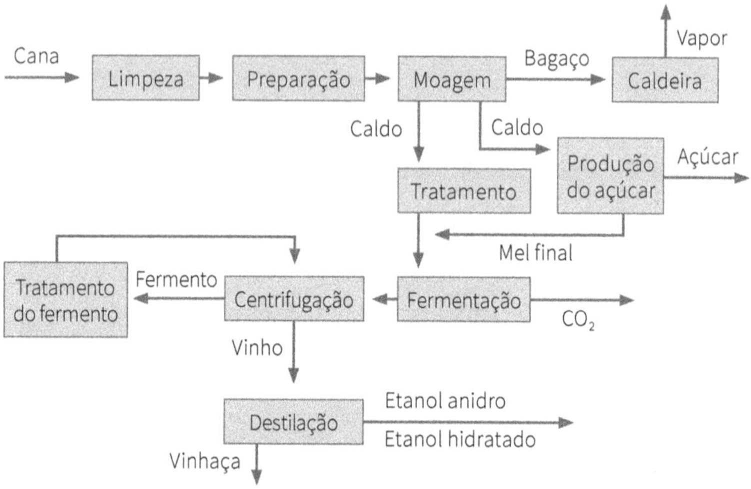

Fonte: Zanardi; Costa Jr.; 2016, p. 23.

A seguir, abordaremos cada uma dessas etapas.

3.5.1 Recepção da cana

Antes da cana-de-açúcar chegar nas dependências das usinas/destilarias, ela passa pelos processos de colheita, carregamento e transporte. A colheita é feita manualmente (antecedida por queima) ou de forma mecanizada, com o auxílio de colheitadeiras.

Quando a cana chega à unidade industrial, é processada o mais rápido possível, isso porque ela é uma matéria-prima sujeita a contaminações e, consequentemente, de fácil deterioração, logo, o sincronismo entre o corte, o transporte e a moagem é importantíssimo.

Inicialmente, quando a cana chega à indústria, ela passa pela balança, ou seja, pelo equipamento de pesagem e, por intermédio de um sistema integrado, é feita a seleção dos caminhões que podem seguir para as análises. Os caminhões que não são selecionados seguem diretamente para os tombadores, para o descarregamento da carga. Já aqueles que foram escolhidos seguem com a matéria para uma sonda oblíqua. Pela perfuração da carga presente no caminhão, é retirada uma amostragem, que é descarregada numa forrageira, equipamento que tritura a amostra, a qual, em seguida, é encaminhada para o laboratório de sacarose para que sejam determinadas as quantidades de açúcares, fibras e impurezas encontradas na cana.

Depois de passar pela sonda, os caminhões seguem para os tombadores, para descarregamento: 70% dos caminhões que entram na indústria seguem para o tombador 1, onde a cana é descarregada diretamente na mesa alimentadora 1, e 30% seguem para o tombador 2, onde a cana é descarregada no pátio de cana, para posteriormente ser descarregada na mesa 2 (inclinação de 15°), seguindo para a mesa 3 (inclinação de 45°). Das mesas alimentadoras a cana é encaminhada para a esteira metálica (Figura 3.3).

Figura 3.3 - Recepção da cana

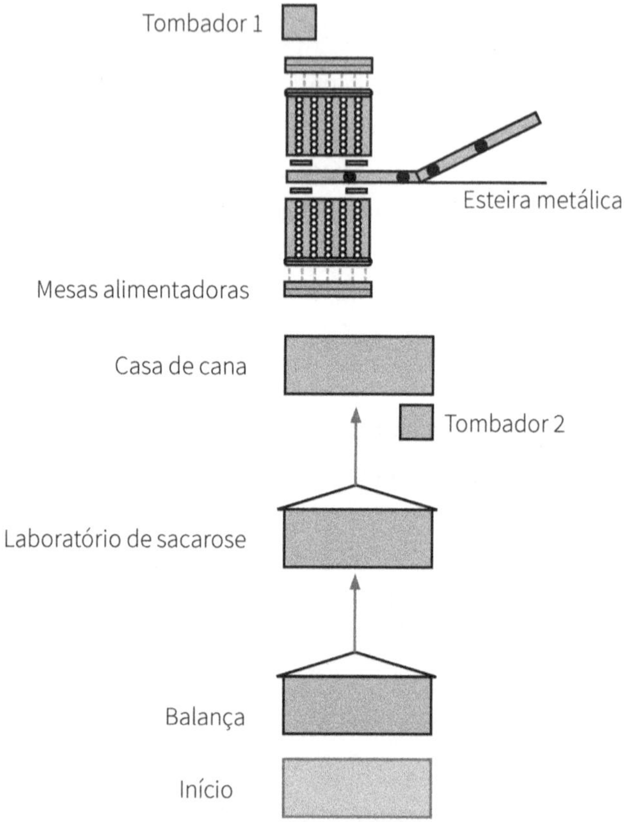

Na fase intermediária entre as mesas e a esteira metálica, a cana é lavada para retirada de grande quantidade de impureza mineral, decorrente das condições do solo da região, que pode ser bastante arenoso. As mesas alimentadoras controlam a quantidade de cana sobre a esteira metálica, que a transfere para o preparo.

3.5.2 Preparo da cana

A cana limpa descarregada sobre a esteira metálica passa por dois sistemas de preparação de cana. Primeiramente, pela navalha, etapa na qual é feita a diminuição do tamanho da cana por meio de um jogo de facas (picadores) que trituram os colmos; em seguida, um rolo socador compacta a cana picada antes de sua entrada no desfibrador. No desfibrador de alta capacidade, acontece o rompimento das células armazenadoras de caldo de cana, cujos índices de preparo vão de 80% a 92%. O objetivo dessa etapa é aumentar a eficiência de extração de caldo pela moenda.

A cana desfibrada (Figura 3.4) passa por um espalhador, para ser nivelada a altura do colchão de cana; em seguida é transferida para uma esteira de borracha, na qual há instalado um eletroímã móvel capaz de remover as peças metálicas que possam acompanhar a cana, protegendo os demais equipamentos mecânicos de eventuais acidentes. Depois dessa etapa de preparo, ela segue para a moenda.

Figura 3.4 – Cana desfibrada

Elena_Alex/Shutterstock

3.5.3 Moagem

Cada conjunto de rolos de moenda, montados numa estrutura denominada *castelo*, constitui um terno de moenda. Têm-se cinco ternos de moenda, cada um deles é formado por quatro cilindros (rolos). O primeiro cilindro é o de pressão (que serve para direcionar a cana, melhorando, assim, a eficiência de alimentação), e os outros três cilindros são os principais: cilindro de entrada, cilindro superior (oscilante), que exerce pressão para que ocorra a extração do caldo, e cilindro de saída (Figura 3.5).

Figura 3.5 – Funcionamento dos rolos da moenda

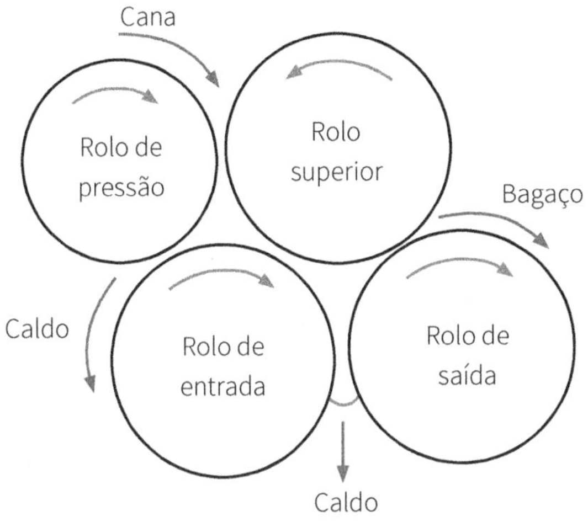

Fonte: Zanardi; Costa Jr., 2016, p. 23.

A cana preparada chega às moendas (Figura 3.6) por meio de um alimentador vertical, instalado sobre o primeiro terno de moenda, o qual tem que estar, em média, 70% preenchido, de modo a exercer pressão suficiente para iniciar a extração do caldo. No primeiro terno é extraído cerca de 70% do caldo presente na cana – caldo primário –, e o restante é retirado pelos quatro ternos seguintes, montados em série. No quinto terno é feita a embebição composta, fase em que se adiciona água quente (60 °C a 70 °C), na vazão correspondente, a cerca de 30% da cana que está sendo processada. Essa água incorpora-se ao bagaço, diluindo o açúcar restante a ser extraído, sendo lançada, em seguida, no quarto terno, e assim sucessivamente, até alcançar o segundo terno. Com esse artifício, é possível atingir uma eficiência de extração de 94% a 96%.

O caldo misto, extraído no quinto terno e que retorna até o segundo terno, é misturado com o caldo primário, extraído no primeiro terno, no tanque de caldo, e o bagaço segue para as caldeiras. O caldo do tanque segue para uma peneira rotativa elevada, para ser separado dos produtos em suspensão, principalmente bagaçilho ou pequenas fibras arrastadas do bagaço. Em seguida, passa por peneiras estáticas com uma abertura bem inferior, para reter partículas que ainda estejam no caldo. O caldo resultante é enviado ao tratamento de caldo, e o bagaçilho é devolvido ao tanque de caldo para ser reprocessado.

Figura 3.6 – Fluxograma da moagem

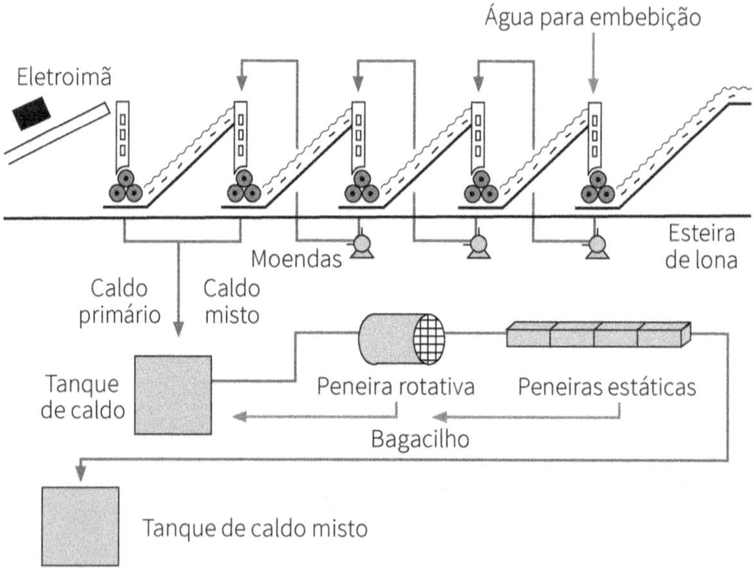

3.5.4 Tratamento do caldo

O caldo extraído na moenda, denominado *caldo misto*, é um caldo impuro, sendo, por isso, essencial a eliminação dos microrganismos nele encontrados antes da etapa da fermentação.

Inicialmente o caldo frio que vem da moenda passa por um trocador de calor, no qual é aquecido de 35 °C a 80 °C em média, e segue para os aquecedores, quando atinge uma temperatura de saída de 110 °C. O caldo quente encaminha-se para um tanque de pressurização num intervalo, em média, de 2 minutos e ruma ao trocador de calor para seu resfriamento. Esse processo é conhecido como *pasteurização*, que consiste, basicamente, no aquecimento do caldo a determinada temperatura e por determinado tempo, de forma a eliminar os microrganismos ali presentes.

O caldo resfriado atinge, em média, uma temperatura de 60 °C a 70 °C, sendo, em seguida, enviado para a destilaria com o propósito de passar pelo processo de fermentação.

3.5.5 Fermentação alcoólica

A fermentação alcoólica é um processo anaeróbio e exotérmico no qual os carboidratos fermentescíveis provenientes da matéria-prima são convertidos em etanol e gás carbônico a partir do metabolismo de uma levedura com alto potencial catalítico, que, na maioria dos casos, é a *Saccharomyces cerevisiae*.

Como exemplo, pensemos em dois tipos de processos fermentativos: (1) a fermentação contínua (principal) e (2) a fermentação batelada (secundária).

3.5.5.1 Fermentação contínua

O caldo resfriado (60 °C), quando chega na destilaria e antes de ser enviado para as dornas (grandes tanques) de fermentação, passa por um trocador de calor para atingir uma temperatura de 32 °C. O caldo ou o mosto (mistura de caldo e melaço usada para ajustar a concentração de açúcar a fim de facilitar a fermentação quando o Bx do caldo está baixo) é lançado nas dornas 1A, 1B e 1C (primeiro estágio) juntamente com o fermento, ou seja, a levedura, que é o microrganismo responsável por converter a sacarose em álcool. Na sequência, esse mosto pré-fermentado é lançado na dorna 2.

A reação de conversão da sacarose em açúcar é uma reação exotérmica, isto é, nela ocorre liberação de calor, o que faz com que a temperatura do mosto se eleve. Para manter a temperatura de fermentação entre 32 °C e 34 °C, que é a faixa de temperatura adequada para o meio quando se utiliza a levedura *Sacharomices cerevisiae*, no fundo de cada dorna, há um trocador de calor, responsável por realizar troca térmica, ou seja, refrigerar a dorna. Um conjunto de torres de resfriamento resfria as águas usadas para baixar a temperatura do caldo e das dornas.

Interligadas à dorna 1A estão as dornas 7A e 7B; já à dorna 1B, as dornas 8A e 8B; e à dorna 1C, a dorna 9. Essas dornas são utilizadas caso seja preciso aumentar o tempo de residência do mosto nas dornas para que ocorra o consumo de açúcar adequado pelas leveduras. Essas dornas são fechadas, visto que, durante a reação de conversão do açúcar em álcool, ocorre a liberação de CO_2. Esse CO_2 segue por um tubo até uma coluna de recuperação, na qual é adicionada água para fazer uma lavagem nesse gás, que carrega certa quantidade de espuma com determinado teor de álcool. Esse gás lavado é liberado na atmosfera, e a solução de água mais álcool segue para o decantador (poço), para posteriormente ser enviada à volante (tanque de armazenamento do vinho).

Da dorna 2, o mosto é lançado para a dorna 3, que é uma dorna cônica, na qual há um sistema de descarga automática acoplado, que serve para eliminar uma parte das impurezas remanescentes no caldo que se depositam no fundo da dorna, sendo descartadas no decantador. Depois da dorna 3, o mosto segue para o último estágio da fermentação, composto pelas dornas 4A e 4B, 5A e 5B, 6A e 6B. O mosto é lançado na dorna 4A, que, a partir de certo nível, passa para a dorna 4B e, em seguida, para a 5A, e assim sucessivamente até a dorna 6B.

Quando, na última dorna, o ART (açúcar redutor total) do mosto fermentado, também conhecido como *vinho levedurado* (presença de levedura), atinge o valor entre 0,1 a 0,13 (acima dessa faixa ocorre a perda de açúcar no processo), o vinho levedurado é enviado para as centrífugas, equipamento que, por meio da força centrífuga, separa o vinho da levedura. Depois de separados, o fermento (creme), que deve apresentar uma concentração acima de 50%, segue para o PF (taque para tratamento do fermento) a fim de iniciar um tratamento com adição de água (para diluição), ácido sulfúrico (correção do pH) e nutrientes, meio ideal para a levedura se multiplicar; em seguida, retorna para as dornas 1A, 1B e 1C.

O vinho delevedurado (ausência de levedura), que deve conter cerca de 7% de álcool, encaminha-se para a volante, tanque que o armazena antes de direcioná-lo para o sistema de destilação.

Figura 3.7 – Fluxograma da fermentação contínua

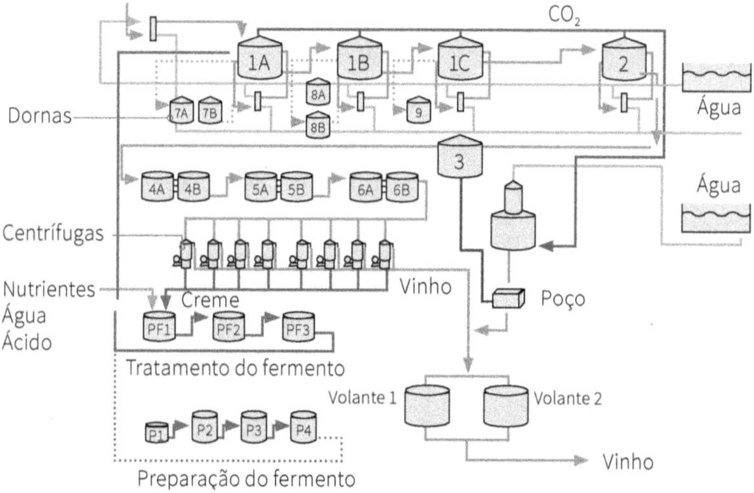

3.5.5.2 Fermentação batelada

A fermentação batelada é uma fermentação secundária que serve para desviar o caldo e, com isso, diminuir a quantidade que alimenta a fermentação contínua, quando o processo contínuo não está sendo suficiente para consumir todo o açúcar alimentado, o que evita a redução da produção.

Na fermentação batelada, o caldo é alimentado na dorna 10, que, a partir de certo nível, alimenta a dorna 11. Na dorna 11, espera-se o fermento morrer, ou seja, que todo o açúcar esperado seja consumido; da mesma maneira que na fermentação contínua, quando o ART estiver entre 0,10 e 0,13, o mosto fermentado é bombeado para as centrífugas para ser realizada a separação do vinho da levedura. O fermento (Figura 3.8) segue para o PF com o propósito de receber o mesmo tratamento, com adição de água (para diluição), ácido sulfúrico (correção do pH) e nutrientes, e depois retornar para a dorna 10. E o vinho delevedurado segue para a volante, a fim de, em seguida, ser encaminhado para o sistema de destilação.

Figura 3.8 – Fermento (creme)

Hamik/Shutterstock

3.5.6 Destilação

A etapa de destilação acontece dentro das colunas de destilação, que são constituídas de gomos cilíndricos superpostos por pratos ou bandejas. O aquecimento das colunas ocorre pela base, por meio de injeção de vapor ou serpentinas, e as bandejas são aquecidas pelo calor dos vapores do vinho que ascendem na coluna (Lima; Basso; Amorim, 2001).

Hipoteticamente, consideremos, conforme as próximas seções, que existem as plantas 1 e 2 para a produção de álcool hidratado, as plantas 3 e 4 para a produção de álcool anidro e as plantas 5 e 6 para a produção do álcool neutro.

3.5.6.1 Produção de álcool hidratado

A planta 1 é composta pelas colunas A_{JW} e B_{JW} e a planta 2 pelas colunas A_{150} e B_{150-2}. O vinho que fica armazenado nas volantes, antes de alimentar as colunas A_{JW} e A_{150}, que são colunas de destilação, passa primeiramente nos condensadores das colunas B_{JW} e B_{150-2} e, logo após, pelos trocadores de calor da vinhaça, com o fito de ser aquecido antes de alimentar as colunas A_{JW} e A_{150} (Figura 3.9). No processo de destilação, para a obtenção do álcool hidratado, são executadas duas operações centrais: (1) a destilação propriamente dita e (2) a retificação.

Figura 3.9 – Fluxograma da produção de álcool hidratado

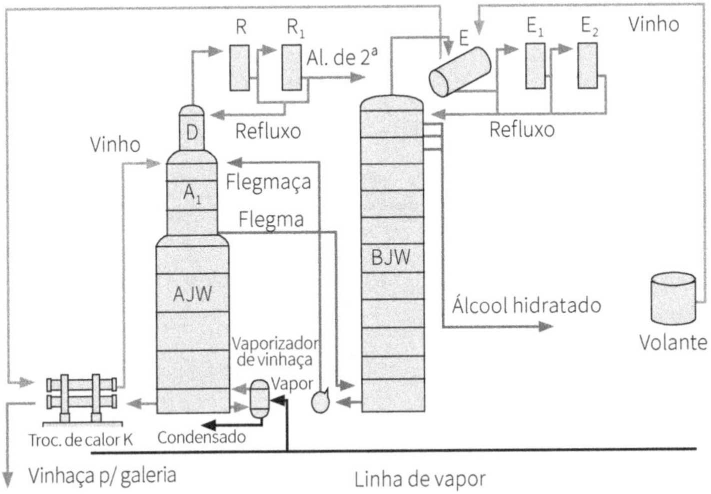

O vinho entra com 7 °GL e sai para as colunas B_{JW} e $B_{150\text{-}2}$ na forma de flegma (produto com impurezas resultante de uma primeira destilação do fermentado da cana-de-açúcar) com um °GL entre 40-50.

A vinhaça produzida nas colunas A_{JW} e A_{150} ruma para as torres de vinhaça, sendo direcionada para tanques pulmão e, em seguida, enviada para o campo, normalmente utilizada na fertirrigação.

O que é

A **vinhaça** ou vinhoto é um resíduo líquido malcheiroso fruto do processo de destilação fracionada do caldo de cana fermentado. Esse resíduo é constituído de água, matéria orgânica e minerais, principalmente potássio, além de açúcares e outros elementos.

Para cada litro de álcool fabricado, são gerados entre 10 e 12 litros de vinhaça. Seu uso como fertilizante natural resolveu os problemas do descarte da substância e, ainda, possibilitou o reaproveitamento de minerais e resíduos orgânicos, dispensando o uso de adubos para reposição de tais elementos (Marques, 2015).

Durante a etapa de destilação, o óleo fúsel (mistura de álcoois superiores) se acumula nas bandejas da coluna e, caso não seja removido, pode ocasionar perdas no processo. Dessa forma, ele é retirado, resfriado e armazenado para posterior venda para a indústria química (Barreto; Coelho, 2012). Assim, das colunas B_{JW} e $B_{150\text{-}2}$ é retirado numa bandeja o óleo fúsel, com o objetivo de elevar a qualidade do álcool hidratado, que é produzido com 95,1 a 96,0 °GL.

Já na planta 2 há uma diferença, pois, além do flegma que alimenta a coluna $B_{150\text{-}2}$, para lá são enviados todos os álcoois de 2ª que são retirados nas plantas de álcool hidratado, anidro e neutro. Em razão disso, o álcool hidratado criado na planta 1 tem melhor qualidade que o álcool hidratado na planta 2, e é o álcool hidratado que alimenta as plantas de produção de álcool anidro e neutro e é enviado para exportação. Depois de produzido, parte do álcool hidratado segue para a tancagem, a fim de, posteriormente, ser encaminhado para a expedição.

3.5.6.2 Produção de álcool anidro

A planta 3 de produção de álcool anidro é composta por três colunas: C_{60} e C_{90} e P_{90}. Já a planta 4 pelas colunas C_{40} e P_{40}. Nas colunas C, o cicloexano é alimentado no topo e o álcool hidratado proveniente da coluna B_{JW} a ser desidratado é alientado um pouco abaixo. Quando o ciclohexano se encontra com o álcool hidratado, ocorre uma mudança em sua composição, formando três zonas distintas: (1) o ternário álcool-água-cicloexano, (2) o binário álcool-ciclo e (3) o álcool desidratado, respectivamente do topo à base da coluna.

O álcool anidro, em média com 99,7 °GL, é então retirado como produto de base da coluna (Figura 3.10). No topo da coluna, tem-se como produto o azeótropo ternário (álcool-água-ciclo). O ternário é vaporizado do topo da coluna C para três condensadores, H, H_1 e H_2, operando em série; após a condensação, a mistura azeotrópica retorna para a coluna C, a qual flui para o decantador de ciclo acoplado no topo da coluna.

No decantador, o ternário se separa em duas fases: (1) a superior, rica em cicloexano e pobre em álcool e água, retornando ao processo, e (2) a inferior, pobre em ciclo e rica em álcool e água, sendoencaminhada à coluna P.

Figura 3.1 – Planta de produção de álcool anidro

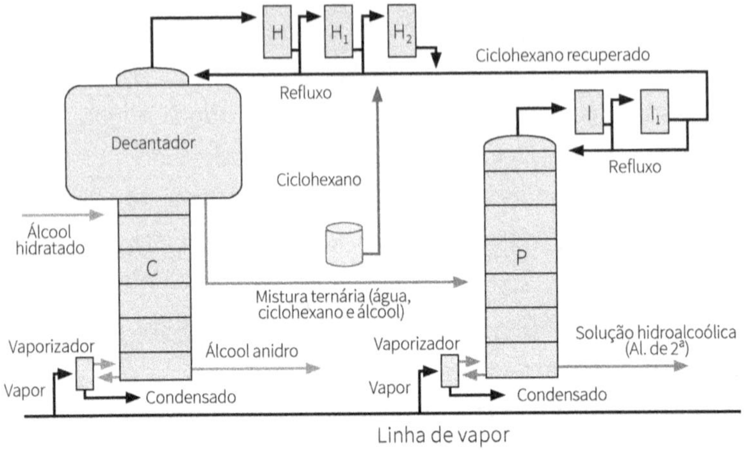

A coluna P tem como função recuperar o ciclo que vaporiza, através de suas bandejas, até dois condensadores, I e I_1, retornando parte do condensado à coluna C e parte à P. A porção contendo água e álcool, retirada na base da coluna P, é enviada para o tanque de álcool de 2ª e, posteriormente, para a coluna B_{150-2}.

Depois de produzido, o álcool anidro ruma para tancagem e expedição.

3.5.6.3 Produção de álcool neutro

Para a fabricação de álcool neutro utiliza-se o álcool hidratado produzido na planta 1 como matéria-prima. Essa produção ocorre nas plantas 5 (Figura 3.11) e 6.

O álcool hidratado entra nas colunas EP_1 e EP_2 e, adicionada água à operação, é lavado (hidrosseleção), com a finalidade de que suas impurezas (contaminantes) sejam eliminadas. Devido ao gradiente de temperatura, as substâncias menos voláteis, ao entrarem em contato com a água, condensam e retornam para a base da coluna, enquanto as mais voláteis sobem em direção ao topo. Nos condensadores de cada uma dessas colunas, são retirados 400 L/h de álcool de 2ª (rico em impurezas: metanol, ésteres, aldeídos, álcoois superiores) a 40-50 °GL.

Figura 3.11 – Fluxograma da produção de álcool neutro

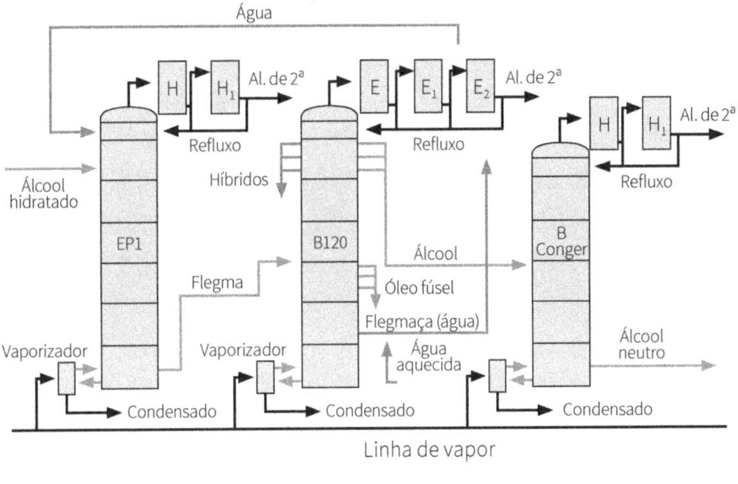

O álcool hidratado entra nessas colunas com um °GL de 96 e é reduzido após a lavagem a 12,5 °GL (flegma).

O flegma encontra-se na base das colunas EP_1 e EP_2 e é enviado para as colunas B_{120} e B_{150} para ser redestilado.

Novamente, nos condensadores dessas colunas, são retirados 200 L/h de álcool de 2ª (rico em impurezas) e o óleo fúsel.

Na coluna B_{120}, a última bandeja do último gomo dessa coluna é feita de cobre, o que ajuda na purificação do álcool neutro, obtendo concentrações inferiores da maior parte dos contaminantes, comparada a uma bandeja de aço-inox. Das colunas B_{120} e B_{150}, o álcool neutro é enviado para a coluna B_{conger}, na qual são retirados mais 250 L/h de álcool de 2ª, resultando, assim, no álcool neutro com 95,90 a 96,52 °GL ou 94,3 a 94,5 INPM.

Esse álcool neutro só é bombeado da coluna B_{conger} para os tanques depois de um intervalo de 30 minutos, tempo necessário para concentrar mais o álcool e retirar uma quantidade de álcool de 2ª suficiente para obter um álcool neutro de melhor qualidade. O álcool que sai das colunas B_{120} e B_{150} já é considerado álcool neutro, uma vez que já foi retirada certa quantidade de impurezas nele presentes. A função da coluna B_{conger} é melhorar ainda mais a qualidade desse álcool, retirando mais 250 L/h dessas impurezas (contaminantes).

Esses álcoois de 2ª, retirados nos condensadores de cada coluna das plantas de álcool neutro, são enviados para a coluna $B_{150\text{-}2}$ para produção de álcool hidratado. Parte do álcool neutro produzido segue para os tanques de armazenamento para depois ser encaminhado para a plataforma de carregamento; outra parte vai para o envelhecimento para fabricação do álcool envelhecido. No envelhecimento, o álcool neutro com 96 °GL é misturado com água desmineralizada para atingir um °GL de 70. A proporção da mistura de álcool neutro com água desmineralizada para se atingir um °GL de 70 é de 25 L de álcool para 9 L de água.

Esse álcool, depois de misturado com a água, é colocado em barris de carvalho para envelhecimento por 6 meses. Nesse período, adquire cor amarelada e aroma, sendo posteriormente enviado a tanques de armazenamento e, depois, ao carregamento. O álcool neutro envelhecido, produzido a partir do álcool hidratado, mas que passa por duas etapas para a retirada de contaminantes e impurezas, tem sua comercialização direcionada à criação de bebidas destiladas. Como exemplo de bebidas que utilizam o álcool neutro envelhecido como matéria-prima, podemos citar o *whisky* e o rum Montilla.

3.5.7 Geração de vapor

O vapor aplicado em todo o processo é gerado nas caldeiras a partir da combustão do bagaço da cana-de-açúcar, considerado um resíduo. Dessa forma, o vapor é convertido em energia mecânica, elétrica e térmica, atendendo às condições necessárias para o processo. Após condensado, retorna à caldeira para ser novamente transformado em vapor e voltar ao processo.

A geração de vapor é efetivada por três caldeiras (Figura 3.12): a caldeira 3, com capacidade de gerar 50 toneladas de vapor/h (a 21 kgf/cm^2), a caldeira 4, com uma capacidade de 70 toneladas de vapor/h (a 42 kgf/cm^2), e a caldeira 5, com capacidade de 100 toneladas de vapor/h (a 63 kgf/cm^2). O vapor é conduzido por tubulações de aço especial, isoladas com fibra cerâmica e revestidas com chapas de alumínio.

Figura 3.12 – Fluxograma das caldeiras 3, 4 e 5

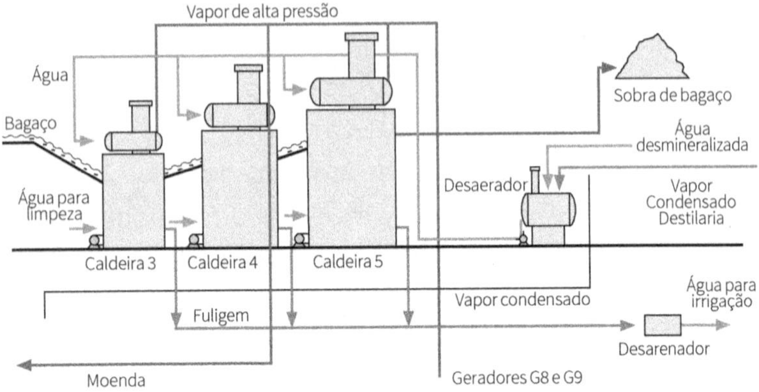

O bagaço que deixa a moenda é transportado às caldeiras através de uma esteira. Ele é transferido para um transportador metálico de taliscas com a função de transportar e dosar o bagaço para cada fornalha (espaço em que será queimado). O bagaço é dosado na fornalha de modo que sua queima é feita praticamente toda em suspensão, o que garante uma boa combustão. Parte do bagaço vai para o estoque de bagaço para depois ocorrer nova alimentação.

Cada caldeira apresenta dois balões d'água posicionados em alturas diferentes, o balão inferior e o balão superior, interligados por um feixe tubular. Por fora do feixe passam os gases da queima da fornalha, percorrendo um caminho tortuoso dentro de uma câmara fechada, que é a área de troca térmica da caldeira.

As caldeiras são providas de um sistema de recuperação de calor. O ar que vai para as fornalhas troca calor com os gases decorrentes da combustão do bagaço no pré-aquecedor e a água troca calor com os gases no economizador. A água

(água desmineralizada ou vapor condensado) que sai do desarenador passa pela parede d'água ao lado da fornalha já para receber calor e aproveitar a temperatura para vaporizar, e segue para os balões inferiores. Os gases provenientes da combustão, após cederem sucessivamente seu calor, são lançados à atmosfera por exaustores através de chaminés.

O vapor produzido na caldeira 3 é utilizado para acionar a turbina de 21 kgf/cm^2, que ativa o terceiro, quarto e quinto ternos da moenda. O vapor produzido na caldeira 4 é empregado para ligar a turbina do gerador G8 e a turbina de 42 kgf/cm^2, que aciona o primeiro e segundo ternos da moenda. Já o vapor da caldeira 5 serve para movimentar a turbina do gerador G9. O vapor de escape dessas turbinas, com pressão de 1,5 kgf/cm^2 e 200 °C, auxilia no aquecimento do caldo e na destilação do álcool.

Com relação ao possível dano ambiental causado pela fumaça da queima do bagaço, a fuligem é produzida e retida por meio de filtros (desarenador) e acaba se tornando adubo para plantios futuros.

Exercícios resolvidos

3. O processo de produção industrial de etanol compreende diversas etapas, desde a colheita da cana-de-açúcar até a destilação do vinho fermentado para obtenção do álcool propriamente dito, que pode apresentar graduações alcoólicas diferentes, de acordo com seu emprego. Sobre os tipos de álcoois que podem ser obtidos em uma usina/destilaria, assinale a alternativa **incorreta**:

a) O álcool neutro pode ser classificado como um tipo de álcool hidratado, visto que é obtido a partir dele, porém, passa por uma etapa a mais para a remoção das impurezas a fim de se tornar utilizável.
b) Nas usinas, a maior parte dos produtores de etanol anidro realiza a destilação azeotrópica com cicloexano.
c) O álcool hidratado é comumente usado como combustível, e sua composição pode apresentar até 10% de água.
d) O álcool etílico anídrico é utilizado como aditivo oxigenante à gasolina, proporcionando o aumento da octanagem e a redução/limitação das emissões dos gases precursores do efeito estufa.

Gabarito: (c). O etanol hidratado é um tipo de álcool que apresenta certa quantidade de água em sua composição, mas não deve ultrapassar os 7%. Um álcool com 10% de água está adulterado, isto é, fora dos padrões. Uma das classificações para o álcool hidratado compreende três tipos: (1) álcool neutro, (2) álcool industrial (o hidratado propriamente dito) e (3) álcool de baixa qualidade (álcool de segunda). O que difere os três é justamente a quantidade de impurezas.

3.5.8 Geração de energia

O bagaço da cana, como se sabe, também gera energia, pois, ao ser queimado, é transformado em energia térmica em forma de vapor e esse vapor é utilizado para gerar energia elétrica.

O funcionamento ocorre da seguinte maneira: o bagaço é queimado na fornalha, enquanto o vapor é produzido na caldeira. O jato de vapor gira a turbina, que, por estar interligada ao eixo do gerador, faz com que este entre em movimento, produzindo energia elétrica. O vapor é conduzido até a turbina do gerador G8, que gera energia elétrica (até 10 MW) para a fábrica (consumo de 5 a 6 MW) e para a turbina do gerador G9, em que a energia elétrica criada (até 20 MW) é exportada (até 11 MW).

Figura 3.13 – Fluxograma do processo de produção de energia elétrica

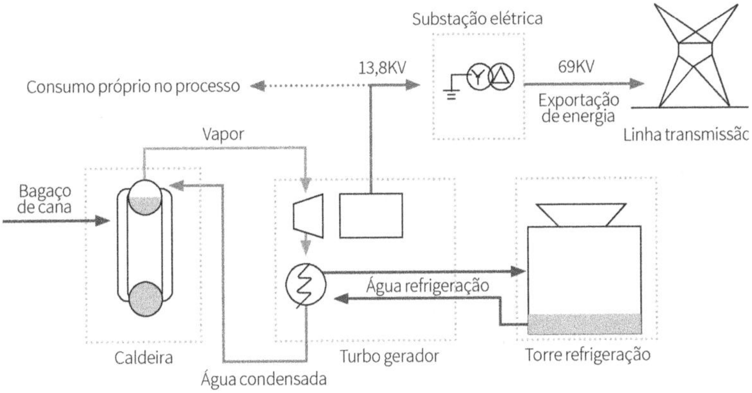

A produção de energia elétrica a partir do bagaço de cana possui diversas vantagens econômicas para a usina, visto que, além de torná-la energeticamente autossuficiente (ou seja, tal energia pode servir para consumo próprio), seu excedente é lançado na linha de transmissão, sendo essa quantidade de energia revertida em créditos.

Para saber mais

Todas as etapas de produção industrial de etanol aqui descritas, desde a colheita até a destilação, estão exemplificadas neste vídeo, assim como as fases necessárias para a produção de açúcar, que também é obtido a partir do caldo extraído da cana, atividade realizada por algumas usinas, mas não todas.

PROCESSO industrial do açúcar e álcool. Disponível em: <https://www.youtube.com/watch?v=J9nxw7wtXME&t=19s&ab_channel=AllanCarlos>. Acesso em: 25 nov. 2021.

Síntese

Neste capítulo, chegamos às seguintes conclusões:

- O setor sucroalcooleiro está relacionado à produção e ao cultivo da cana-de-açúcar e à produção de álcool e açúcar a partir dessa matéria-prima.
- A cana-de-açúcar é a matéria-prima mais utilizada no Brasil para produção de etanol.
- O etanol pode ser de três tipos, a depender de sua graduação alcoólica e suas aplicações: etanol hidratado, etanol anidro e etanol neutro.
- O etanol hidratado com graduação alcoólica em torno de 96 °GL é o etanol combustível comum.
- O etanol anidro com graduação alcoólica no mínimo de 99,6 °GL (praticamente puro) é o etanol adicionado na gasolina, que deve apresentar um percentual de 25%.

- De acordo com a fermentação alcoólica, a levedura *Saccharomyces cerevisiae* converte a glicose em etanol e gás carbônico, liberando energia. Esses produtos são utilizados industrialmente para obtenção de diversos outros.
- A fabricação de etanol contempla várias etapas, desde o plantio e a colheita da cana até a destilação, na qual se obtém o etanol na graduação alcoólica desejada.
- Nas usinas/destilarias o bagaço da cana, que, teoricamente, seria resíduo, é utilizado para produção de vapor e geração de energia elétrica.

Estudo de caso

Texto introdutório

O presente estudo de caso aborda aspectos ligados à produção de álcool anidro. O desafio é propor uma tomada de decisão diante de um caso que, de fato, poderia acontecer em uma destilaria. A princípio, sabe-se que esse tipo de álcool é utilizado na mistura com a gasolina e, portanto, deve apresentar uma graduação alcoólica maior que 99,6 °GL.

Texto do caso

Rodrigo começou a estagiar em uma destilaria de uma usina de produção de álcool e açúcar. Assim que iniciou, ele passou a acompanhar os operadores da destilaria e lhe foi concedido um treinamento de como operar as plantas de produção de álcool anidro.

Ele foi informado de que o álcool hidratado proveniente da coluna B, com concentração alcoólica de, no mínimo, 93 °INPM, é alimentado na coluna desidratadora C. O agente desidratante, no caso o cicloexano, é adicionado ao processo pela linha de refluxo da coluna C. Após essa coluna apresentar as cargas de álcool, cicloexano e vapor de água necessárias, formam-se três regiões distintas: (1) região do azeotrópico ternário: formada por cicloexano, etanol e água, situada na zona de concentração e condensadores da coluna; (2) região do binário: formada por cicloexano e etanol, situada em algumas bandejas abaixo da alimentação da coluna; (3) região do álcool anidro: formada por etanol, situada nas bandejas da base da coluna.

No processo, o operador deve observar que, quando se injeta o cicloexano, as temperaturas das bandejas C-31 e C-14 da coluna C começam a cair. Quando a temperatura atinge os valores de 65 °C a 67 °C na C-31, por exemplo, o operador deve bloquear a alimentação de cicloexano e aguardar a estabilização da coluna. Após alguns minutos, ele deve observar se as temperaturas já estão dentro dos valores de trabalho descritos na Tabela A.

Tabela A – Parâmetros de processos da coluna C

Variável coluna desidratadora C	**Parâmetros de processo**
Temp. na bandeja C-8	83 °C a 84 °C (não operar com valores menores)
Temp. na bandeja C-14	69 °C a 71 °C
Temp. na bandeja C-31	65 °C a 67 °C
Temp. na bandeja topo	62 °C

Considerando as informações que Rodrigo teve em seu treinamento, quando estava desempenhando sua função na destilaria, deparou-se com três distúrbios operacionais em momentos distintos. No primeiro, a temperatura da bandeja C-14 estava acima de 71 °C; no segundo, a temperatura da bandeja C-31 estava abaixo dos 65 °C; e, no terceiro momento, o grau de álcool anidro estava abaixo do valor ideal (93 °INPM ou 96 °GL).

Com relação a esses distúrbios, aponte as causas e quais as providências que Rodrigo deveria tomar nesses casos.

Resolução

No caso 1, a temperatura da bandeja da C-14 estar acima de 71 °C indica uma provável falta de cicloexano na coluna, visto que esse composto baixa a temperatura para a faixa de trabalho ideal. É necessário, portanto, complementar a carga de cicloexano na coluna C, de forma lenta e gradual, observando atentamente as variações das temperaturas nas bandejas C-31 e C-14.

No caso 2, a temperatura da bandeja C-31 estar abaixo de 65 °C indica um provável excesso de cicloexano na região ou falta de vapor de água na coluna, sendo preciso aumentar a extração de recuperado da coluna P para a coluna C e, assim, retornar mais água para a coluna C. Além disso, deve-se verificar a concentração de cicloexano nesse recuperado, pois, se em excesso, pode acarretar uma redução na proporção de água. Uma terceira providência seria fechar um pouco a válvula que alimenta o ternário no decantador, mantendo mais água na coluna C.

No caso 3, o baixo teor alcoólico do álcool anidro pode ser explicado pelo fato de o grau do álcool hidratado, alimentado na coluna C, estar muito baixo ou, ainda, pela falta de uma quantidade suficiente do desidratante na coluna. Podem-se tomar, nessa situação, as seguintes providências: verificar o teor alcoólico do álcool hidratado, de modo que, se estiver muito abaixo dos 93% (teor ideal), se providencie sua correção, que deve ser realizada nas colunas de produção de álcool hidratado. Contudo, caso a alimentação de álcool hidratado para a coluna esteja excessiva, é preciso realizar a diminuição. Por fim, se a causa for a falta de cicloexano na coluna, isso é denunciado pelo aumento das temperaturas nas bandejas C-14 e -31.

Dica 1

Os autores Léo da Rocha Lima e Aluísio de Abreu Marcondes, em seu livro *Álcool carburante: uma estratégia brasileira* (2002), trazem uma abordagem prática sobre todo o processo industrial de produção de álcool anidro através da desidratação do álcool hidratado por meio de uma substância com função desidratante, que, no presente estudo de caso, foi o cicloexano, mas também poderiam ser utilizadas outras substâncias, conforme os autores apresentam. Deixamos indicada a leitura deste material.

LIMA, L. da R.; MARCONDES, A. de A. **Álcool carburante**: uma estratégia brasileira. Curitiba: Editora UFPR, 2002.

Dica 2

O vídeo indicado no *link* a seguir aborda todas as etapas e peculiaridades da produção do álcool anidro.

PRODUÇÃO de etanol anidro por destilação azeotrópica heterogênea – Parte 1. Disponível em: <https://www.youtube.com/watch?v=Xhgov1x97cI>. Acesso em: 25 nov. 2021.

Dica 3

Florenal Zarpelon, no artigo recomendado adiante, aborda todas as especificações do álcool anidro no Brasil e no mundo.

ZARPELON, F. **As especificações do álcool focadas para o mercado mundial**. Disponível em: <https://bit.ly/38n73wW>. Acesso em: 25 nov. 2021.

Capítulo 4

Produção de enzimas com aplicações industriais

Conteúdos do capítulo

- □ Produção de enzimas com aplicações industriais.
- □ Celulases.
- □ Hemicelulases.
- □ Amilases.
- □ Proteases.
- □ Lipases.

Após o estudo deste capítulo, você será capaz de:

1. discriminar os métodos de obtenção das principais enzimas com aplicações industriais;
2. identificar a ação dessas enzimas sobre substratos específicos;
3. indicar as principais aplicações industriais dessas enzimas.

Os processos biotecnológicos industriais vêm crescendo gradativamente, haja vista o grande número de metabólitos de interesse industrial que pode ser gerado a partir de tais processos, cujo principal expoente, e em ascensão, são as enzimas, produzidas, sobretudo, por microrganismos (Carvalho, 2013).

A produção de enzimas pela fermentação de microrganismos é uma atividade executada pela indústria em larga escala por ser mais econômica e apresentar métodos mais viáveis, além de sua produtividade poder ser melhorada pela tecnologia do DNA (ácido desoxirribonucleico) recombinante (Sousa et al., 2017).

A produção industrial de enzimas microbianas é, geralmente, limitada pelo custo do substrato requerido para o cultivo dos microrganismos. Para tornar essa produção mais competitiva, têm sido explorados os substratos de baixo custo e facilmente disponíveis, como materiais lignocelulósicos (Sukumaran et al., 2009). As enzimas têm largo emprego como catalisadores nas indústrias farmacêutica, de alimentos, têxtil, de papel e celulose, bem como na saúde humana e na animal, sendo igualmente importante na produção de etanol de segunda geração.

4.1 Matéria-prima

O uso de enzimas no setor industrial é de grande interesse, devido, sobretudo, à facilidade de sua obtenção (por meio da biotecnologia) e às vantagens em relação aos catalisadores químicos (aceleradores de reações), possibilitando, por exemplo, maior especificidade, menor consumo energético e maior velocidade de reação. "Além disso, a catálise enzimática tem outros benefícios, como o aumento da qualidade dos produtos, em relação à catálise química; a redução dos custos de laboratório e de maquinário, graças à melhoria do processo; ou a fabricação controlada de pequenas quantidades" (Mussatto; Fernandes; Milagres, 2007, p. 28).

As enzimas são, via de regra, moléculas orgânicas de origem proteica, que podem ter tamanhos muito variáveis. Como muitas outras proteínas, apresentam estrutura composta por um sítio ativo através do qual interagem com as moléculas do ligante – que, nesse caso, denomina-se *substrato* – por meio de um acoplamento espacial e químico (Figura 4.1).

As enzimas têm uma série de características notáveis, como:

- são proteínas que têm um efeito catalítico, reduzindo a barreira energética de certas reações químicas;
- influenciam apenas a velocidade das reações, sem alterar o estado de equilíbrio;
- agem em pequenas quantidades;
- formam um complexo reversível com o substrato;
- não são consumidas na reação, podendo agir repetidamente;
- mostram especificidade para o substrato;
- sua produção é controlada diretamente pelos genes.

Figura 4.1 – Esquema da relação enzima/substrato

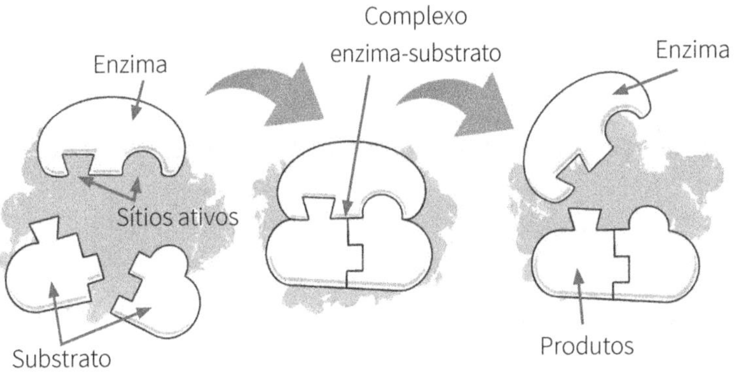

Evandro Marenda

Fonte: Rocha, 2011, p. 24.

A produção em larga escala de enzimas microbianas envolve os processos de fermentação em estado sólido (FES) e a fermentação submersa (FSm). A tendência atual em bioprocessos é analisar de forma global a produção enzimática, observando as etapas de pré-fermentação, obtenção da enzima, ampliação de escala, recuperação e aplicação industrial.

Entre os materiais lignocelulósicos utilizados nos processos fermentativos para obtenção dessas enzimas estão incluídos vários resíduos gerados na agricultura e na agroindústria, como palhas, cascas, hastes, bagaços e farelos, além de madeiras, algodão e resíduos da indústria de polpa e papel. Tais resíduos apresentam, de modo geral, "elevado potencial de energia, visto que contem até 70% de carboidratos, como celulose e hemicelulose em sua composição" (Carvalho, 2013, p. 10).

O que é

Os **materiais lignocelulósicos** são os compostos orgânicos mais abundantes da biosfera, representando cerca de 50% de toda a biomassa terrestre. Esses materiais são provenientes da parede celular encontrada nas células vegetais (Bon; Ferrara; Corvo, 2008).

As biomassas lignocelulósicas são constituídas por três principais frações poliméricas: (1) a celulose, (2) a hemicelulose e (3) a lignina (Figura 4.2).

A exemplo das enzimas celulolíticas, elas agem na celulose desses materiais liberando glicose. Já as enzimas hemicelulolíticas formam um complexo enzimático que degrada a hemicelulose, liberando glicose, arabinose, xilose, galactose e manose. Os açúcares fermentescíveis obtidos a partir da hidrólise desses materiais podem servir para a produção de bioetanol, conhecido como *etanol de segunda geração*.

Figura 4.2 – Representação das frações de materiais lignocelulósicos

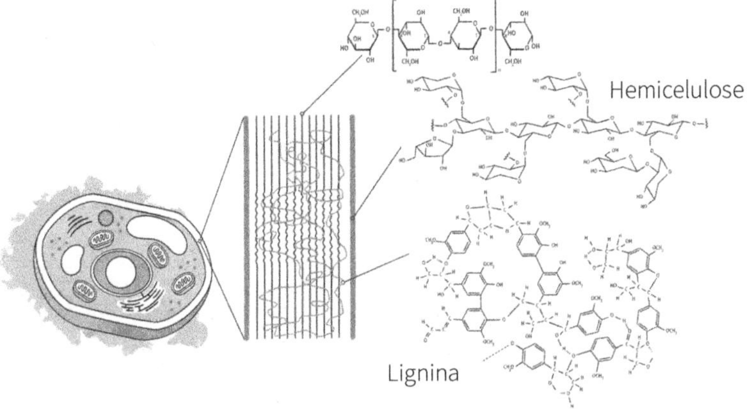

Fonte: Zampieri, 2011, p. 8.

As enzimas mais comuns nas indústrias alimentícias são amilase (no cozimento), protease e amilase (em produtos de carne bovina), pectinase e hemicelulase (no café), catalase, lactase e protease (em produtos lácteos) e glicose oxidase (em suco de frutas) (Sousa et al.,2017).

Embora a principal fonte de produção de enzimas com aplicação industrial seja o metabolismo de microrganismos, muitas podem ser obtidas de fontes animais (pancreatina, tripsina, quimotripsina, pepsina, renina) ou vegetais (papaína, bromelina, ficina); contudo, "como é possível modificar geneticamente os microrganismos para que forneçam qualquer enzima, a tendência é substituir as produzidas por vegetais e animais pelas de origem microbiana" (Mussatto; Fernandes; Milagres, 2007, p. 28).

O Quadro 4.1 apresenta as principais enzimas produzidas por espécies microbianas com aplicação industrial.

Quadro 4.1 – Espécies microbianas usadas na produção de enzimas

Microrganismo	Enzimas
Trichoderma reesii	Celulases e hemicelulases
Aspergillus oryzae	Amilases
Aspergillus niger	Glucoamilase
Saccharomyces cerevisiae	Invertase
Kluyveromyces fragilis	Lactase
Candida lipolytica	Lipase
Aspergillus niger	Pectinases e proteases
Bacillus sp.	Proteases

Fonte: Elaborado com base em Pereira Jr.; Bon; Ferrara, 2008.

Na indústria, as enzimas substituem produtos químicos e aceleram os processos de produção.

4.2 Celulases e hemicelulases

As enzimas lignocelulósicas podem ser sintetizadas durante o crescimento de alguns fungos a partir do uso de materiais lignocelulósicos. Essas enzimas são responsáveis por hidrolisar os principais compostos da parede celular vegetal. As enzimas celulolíticas e hemicelulolíticas atuam sobre a celulose e a hemicelulose, respectivamente, transformando esses polímeros em açúcares de menores massas moleculares. Há também as enzimas lignolíticas, que atuam na degradação da lignina presente nesses materiais.

As celulases são biocatalisadores específicos que agem conjuntamente para a liberação de açúcares, dos quais a glicose é o mais importante (Castro; Pereira Jr., 2010). As celulases são classificadas, de acordo com seu local de atuação no substrato celulósico, em três grandes grupos: (1) endoglucanases, (2) exoglucanases e (3) β-glicosidases. São categorizadas pela Enzyme Commission (EC) com a codificação 3.2.1.x, em que o valor de *x* varia com a enzima celulósica avaliada (Lynd et al., 2002).

As **endoglucanases (EC 3.2.1.4)** são enzimas que dão início à hidrólise da molécula da celulose. Essas enzimas atuam randomicamente na região amorfa da cadeia de celulose, clivando ligações β–1,4 na região central da molécula e liberando como produto oligossacarídeos de diversos graus de polimerização (Castro; Pereira Jr., 2010). A carboximetilcelulose (CMC) é utilizada como substrato preferencial para determinar a atividade dessas enzimas.

As exoglucanases, também chamadas de **celobiohidrolases (EC 3.2.1.91)**, podem ser de dois tipos: a tipo I, que hidrolisa terminais redutores, e as tipo II, que hidrolisam terminais não redutores. As celobiohidrolases sofrem inibição pelo seu produto de hidrólise, a celobiose, por isso é de grande importância a atuação de outras enzimas do complexo celulolítico – as β-glucosidases (Bon; Gírio; Pereira Jr., 2008).

As **β-glucosidases (EC 3.2.1.21)** são enzimas que aceleram a hidrólise da celobiose em glicose, reduzindo a inibição das endoglucanases e exoglucanases pela presença do dímero de glicose.

A atividade enzimática do complexo celulolítico é geralmente sinérgica, ou seja, a atividade combinada das enzimas é maior do que a soma da atividade individual de cada componente. A Figura 4.3 ilustra a ação sinérgica entre esses três grupos de enzimas na hidrólise da fibra celulósica.

Figura 4.3 – Modo de ação sinérgica das enzimas do complexo celulolítico

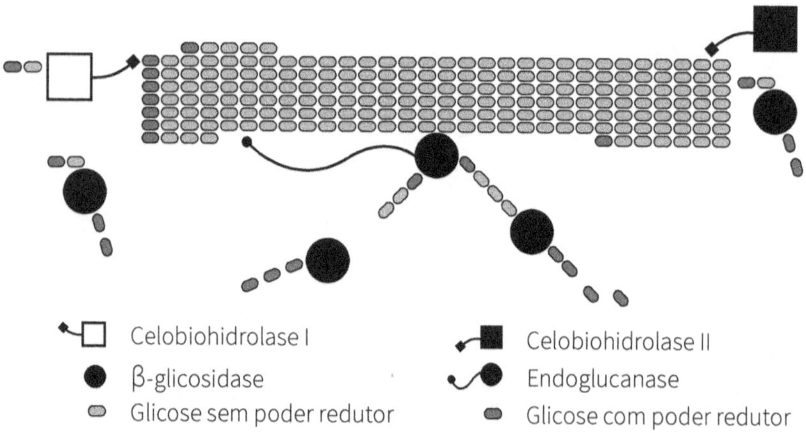

Fonte: Castro; Pereira Jr., 2010, p. 183.

As celulases têm merecido destaque nos últimos anos na produção de biocombustíveis, sendo utilizadas para hidrolisar a biomassa lignocelulósica, convertendo a celulose em glicose (Akcapinar; Gul; Sezerman, 2012). O etanol de segunda geração, obtido de acordo com o material lignocelulósico, vem sendo considerado, atualmente, como uma alternativa tecnológica complementar para aumentar o volume de etanol de primeira geração produzido, sem que haja necessidade de ampliar a área agrícola e competir com a produção de alimentos.

As celulases encontram aplicação em diversos setores produtivos, tais como as indústrias de alimentos, de detergentes, farmacêutica, têxtil e de celulose (Rodríguez-Zúñiga et al., 2011).

Figura 4.4 – Fibra de celulose isolada

Marco Lazzarini/Shutterstock

Essas enzimas também são empregadas na indústria de bebidas para produção de sucos de frutas, pois "facilitam a extração de sucos e a maceração para produção de néctares de frutas por romperem a rede de celulose que ajuda a reter o líquido nas células vegetais" (Zanchetta, 2021), e de vinhos, visto que as β-glicosidases auxiliam a extração de pigmentos e substâncias aromatizantes presentes na casca da uva; ainda, "degradam compostos de sabor desagradável, liberando substâncias flavorizantes, melhorando o aroma e o sabor do vinho" (Zanchetta, 2021).

As celulases desempenham papel fundamental na nutrição animal. Ao serem incorporadas à ração, essas enzimas, juntamente com as celulases produzidas pelos microrganismos presentes no rúmen do animal, aumentam a digestibilidade das fibras da parede celular vegetal, melhorando a conversão do alimento consumido (pastagem) em carne e leite (Castro; Pereira Jr., 2010).

Exercícios resolvidos

1. As celulases são um grupo de enzimas que constituem um complexo capaz de atuar sobre materiais celulósicos, promovendo a hidrólise de um polissacárido complexo em açúcares simples, por exemplo, a glicose. As celulases são produzidas por diversos organismos, desde bactérias e fungos até as próprias plantas. Com base nisso, assinale a alternativa **incorreta**:
   a) Celulases são enzimas responsáveis pela degradação da celulose, principal composto de células vegetais.
   b) Três enzimas fazem parte do complexo enzimático celulolítico: endoglucanases, exoglucanases e β-glicosidases.
   c) Os sinergismos das enzimas são essenciais no processo de transformação de materiais lignocelulósicos em

biocombustíveis, por meio da hidrólise enzimática seguida de fermentação.

d) β-glucosidases é uma das enzimas que catalisam a hidrólise da celulose à glicose, reduzindo a inibição das endoglucanases e exoglucanases.

Gabarito: (d). As enzimas celulases são as responsáveis por degradar a celulose, componente presente em maior quantidade nos materiais lignocelulósicos. Essa degradação da celulose em glicose ocorre por meio da ação conjunta das três enzimas presentes no complexo celulolítico, que são as endoglucanases, as exoglucanases e as β-glicosidases. A ação das β-glicosidases, porém, não recai sobre a molécula de celulose, mas sim da celobiose, molécula composta por duas moléculas de glicose. A celobiose opera justamente na separação dessas moléculas de glicose, a fim de que o microrganismo possa se alimentar dela (açúcar fermentescível) e produzir o bioetanol ou etanol de segunda geração, como é conhecido.

As hemicelulases também são enzimas importantes que hidrolisam a complexa rede da hemicelulose. Em virtude dessa complexa estrutura, a degradação completa da hemicelulose exige a ação combinada de diversas enzimas hidrolíticas, que agem em conjunto para converter a xilana em seus açúcares constituintes.

Tendo em vista que aproximadamente 70% da hemicelulose é xilana, as principais enzimas participantes na degradação desse composto são as xilanases e as β-xilosidases. A endo-β-1,4 xilanase (EC 3.2.1.8) forma o principal grupo de enzimas envolvidas na degradação da xilana. Trata-se de uma endo-enzima que hidrolisa aleatoriamente ligações glicosídicas do tipo β-1,4 dentro da cadeia de hemicelulose (na cadeia principal de xilana), liberando xilooligossacarídeos. A degradação completa da cadeia principal ocorre por uma ação sinergística entre endo e exoxilanases, β-xilosidases ou xilohidrolases (EC 3.2.1.37), que hidrolisam os xilooligômeros de baixa massa molecular resultantes, como a xilobiose (duas moléculas de xilose) para produzir xilose (Quiroz-Castaneda; Folch-Mallol, 2011; Haltrich et al., 1996).

No complexo enzimático xilanolítico, ainda se tem a presença das seguintes enzimas: α-arabinofranosdase, acetilxilanoesterase, α-D-glucuronidase, ácidos ferrúlico e p-coumárico esterases. A Figura 4.5 elenca os componentes estruturais básicos encontrados na hemicelulose e as hemicelulases responsáveis por sua degradação.

Figura 4.5 – Representação esquemática da ação das hemicelulases na estrutura da hemicelulose

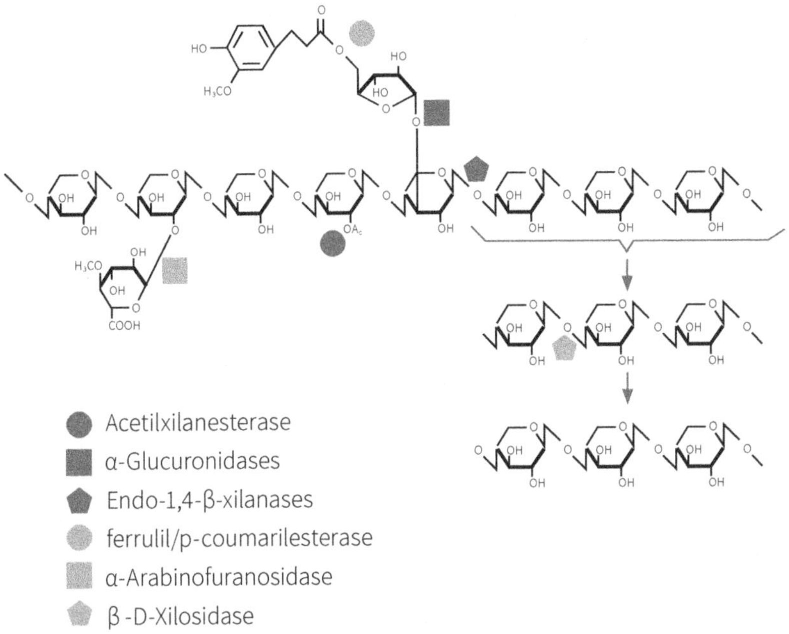

Fonte: Santos, 2013, p. 21.

Segundo Dobrev et al. (2007, citado por Santos, 2013, p. 21),

> estas enzimas clivam os grupos na ramificação, sendo: α-L-arabinofuranosidasez capazes de hidrolisar os grupos α-L-arabinofuranosil terminais; as acetilxilanaesterases hidrolisam as ligações entre xilose e grupos acetil; o ácido ferrúlicoesterases hidrolisam as ligações entre arabinose e ácido ferrúlico presente em algumas formas de arabinoxilanase e as α-glucuronidases hidrolisam as ligações glicosídicas α-1,2 entre xilose e ácido glucurônico ou a ligação 4-O-metil-éster.

As xilanases são enzimas induzíveis, quando produzidas em substratos que contenham xilana, xilose, xilobiose ou resíduos de β-Dxilopiranosil adicionados ao meio de cultura. Há relatos de ocorrência de repressão catabólica da biossíntese da xilanase por fontes de carbono facilmente metabolizadas, a exemplo da glicose (Kumar; Singh; Singh, 2008; Kulkarni; Shendye; Rao, 1999).

Resíduos de xilose, produtos da hidrólise da xilana pelas enzimas xilanases, podem ser fermentados por leveduras como *Saccharomyces cerevisiae*, *Pichia stipitis* e *Candida shehatae* para a produção de etanol e xilitol. O xilitol é um poliálcool com poder adoçante comparável à sacarose, cujo uso é recomendável para diabéticos e indivíduos obesos (Polizeli et al., 2005). As xilanases também são utilizadas na formulação de detergentes e na produção de polissacarídeos com atividades farmacológicas para aplicação como agentes antimicrobianos e/ou antioxidantes (Collins; Gerday; Feller, 2005).

Durante décadas apenas a hidrólise da celulose foi o foco da atenção dos pesquisadores para a fabricação de etanol a partir de materiais lignocelulósicos. Estudos apontam que a produção de etanol de segunda geração a preços competitivos depende da hidrólise eficiente tanto da celulose como da hemicelulose, além da fermentação eficaz de pentoses e hexoses liberadas e do aproveitamento da lignina (Morales et al., 2015; Ragauskas et al., 2014; Chovau; Degrauwe; Bruggen, 2013; Limayem; Ricke, 2012).

4.2.1 Microrganismos produtores de celulases e hemicelulases

Uma vasta gama de microrganismos tem sido estudada extensivamente de forma a tornar o processo de produção de enzimas viável e selecionar aqueles com alta produtividade (Damaso et al., 2012). A maioria das preparações comerciais enzimáticas é produto da fermentação fúngica, predominantemente das espécies *Trichoderma* e *Aspergillus*, e bacteriana, principalmente *Bacillus*. As espécies do gênero *Trichoderma* produzem grandes quantidades de celulases e outras enzimas hidrolíticas e, quando cultivadas estaticamente, o aspecto observado é verde brilhante, devido a grupos de conídias presentes nas extremidades de suas hifas aéreas.

O fungo *Trichoderma reesei*, também denominado *Trichoderma viridae*, apresenta um potencial elevado para produção específica de celulases, especialmente quanto às frações de endoglucanases, sendo submetido constantemente a técnicas de mutação a fim de aumentar a produção enzimática. Com relação às hemicelulases, o *Trichoderma reesei* produz um completo sistema xilanolítico, que proporciona eficiência à hidrólise da hemicelulose (Singhania et al., 2010; Poutanen et al., 1987).

Exercícios resolvidos

2. As enzimas xilanases catalisam a hidrólise das xilanas e são produzidas principalmente por microrganismos para a desagregação da parede celular de plantas. Essas enzimas,

em conjunto com outras, hidrolisam polissacarídeos e digerem a xilana durante a germinação de algumas sementes. Sobre as enzimas hemicelulases, analise as afirmativas a seguir.

I. O microrganismo *Trichoderma reesei* é um importante produtor de celulases e hemicelulases, sendo usado para a geração heteróloga de proteínas.
II. A hidrólise da hemicelulose ocorre por meio das enzimas hemicelulases em ação de endoenzimas, que atuam internamente na cadeia principal, e exoenzimas, que clivam oligossacarídeos e produzem monossacarídeos.
III. As xilanases são uma classe de enzimas que degradam o polissacarídeo linear β-1,4-xilano em xilose, decompondo, assim, a hemicelulose, um dos principais componentes das paredes celulares das plantas.

Assinale a alternativa que apresenta as afirmativas corretas:

a) I e II.
b) I e III.
c) II e III.
d) I, II e III.

Gabarito: (d). Todas as afirmativas estão corretas, visto que o fungo *Trichoderma reesei*, apesar de ser um microrganismo bastante empregado para a produção de celulases e hemicelulases, também é capaz de sintetizar outros tipos de enzimas. A hemicelulose, juntamente com a celulose e a lignina, é um dos principais componentes da parede celular vegetal.

4.3 Amilases

As enzimas amilases são expressivamente aplicadas nas indústrias, representando de 25% a 33% do mercado de enzimas (Borgio, 2011; Kumar, et al., 2012; Ravindar; Elangovan, 2013, citados por Escaramboni, 2014). Essas enzimas compreendem as hidrolases, que hidrolisam as moléculas de amido e seus derivados, liberando diversos produtos, como dextrinas e pequenos polímeros compostos de unidades de glicose (Gupta et al., 2003). Podem ser derivadas de várias fontes, tais como plantas, animais e microrganismos.

As principais vantagens do uso de microrganismos para a produção de amilases são o potencial econômico e a capacidade de produção em larga escala, além da relativa facilidade de manipulação e obtenção de enzimas com características específicas (Gupta et al., 2003; Souza; Magalhães, 2010). Amilases produzidas por microrganismos termofílicos ou termotolerantes têm recebido considerável atenção da indústria, por serem geralmente mais termoestáveis.

O amido é a principal fonte de hidrato de carbono dietético para os seres humanos, estando presente em alimentos como arroz, milho, mandioca, trigo, batata, centeio e cevada. Além disso, essa reserva de carboidrato é encontrada em folhas, sementes, raízes e tubérculos de muitas plantas (Zeeman; Kossmann; Smith, 2010).

O amido é quimicamente composto por amilose, que corresponde a um polímero linear com resíduos de glicose com ligação α-1,4, e amilopectina, polímero ramificado com resíduos de glicose atrelados por ligação α-1,4 e ligações α-1,6-glicosídicas. Os níveis de amilose e amilopectina variam entre amidos, e suas porcentagens representativas são de 25% a 28% e 72% a 75%, respectivamente (Nelson; Cox, 2006; Souza; Magalhães, 2010; Sharma; Satyanarayana, 2013, citados por Escaramboni, 2014).

As amilases formam um complexo enzimático compreendendo uma amplitude de enzimas que atuam sinergisticamente para quebrar os polissacarídeos amilose e amilopectina do amido em glicose. De acordo com seu modo de ação, as amilases são classificadas, de forma geral, em duas categorias: (1) exoamilases e (2) endoamilases (Quadro 4.2), podendo ser subdivididas em quatro subcategorias: (1) endoamilases, (2) exoamilases, (3) enzimas desramificadoras e (4) transferases.

Quadro 4.2 – Classificação das enzimas amilases

<table>
<tr><td rowspan="5">Enzimas aminolíticas</td><td rowspan="2">α-1,4-Glucanases</td><td>Endo-α-1,4-Glucanase</td><td>α-amilase</td></tr>
<tr><td>Exo-α-1,4-Glucanases</td><td>Exomaltohexahidrolase
Exomaltopentahidrolase
Exomaltotetrahidrolase
β-amilase
Glicoamilase
Isopululanase</td></tr>
<tr><td rowspan="2">α-1,6-Glucanases</td><td>Endo-α-1,6-Glucanases</td><td>Pululanase
Isoamilase</td></tr>
<tr><td>Exo-α-1,4-Glucanase</td><td>Exopululanase</td></tr>
</table>

Fonte: Elaborado com base em Rocha, 2010.

As endoamilases são capazes de clivar ligações α-1,4 glicosídicas presentes na parte interna (endo) da cadeia de amilose ou amilopectina, produzindo oligossacarídeos de vários tamanhos, ramificados ou não. "Uma típica endoamilase é a α-amilase (EC 3.2.1.1), encontrada em uma grande variedade de organismos, desde Archae até Bactéria e Eucaria. Glicose, maltose, maltotriose, maltotetraose, maltopentaose e maltohexaose são produtos originários da ação de α-amilase" (Reis, 2015, p. 7).

> As exoamilases clivam exclusivamente ligações α, 1-4 glicosídicas, tais como as β-amilases (EC 3.2.1.2), e ligações α 1-4 e α 1-6 glicosídicas, tais como as amiloglucosidases ou glucoamilases (EC 3.2.1.3) e α-glucosidases (EC 3.2.1.20). As exoamilases atuam sobre os resíduos de glucose externos da amilose ou amilopectina e assim produzem apenas glucose (glucoamilase e α-glucosidase), ou maltose e dextrina β-limite (β-amilase). A β-amilase e a glucoamilase também convertem a configuração anomérica da maltose libertada de α para β. A glucoamilase e α-glucosidase diferem na sua preferência em relação ao substrato: α-glucosidase atua melhor em malto-oligossacarídeos curtos e libera glicose com uma configuração α, enquanto a glucoamilase preferencialmente hidrolisa polissacarídeos de cadeia longa. (Pandey et al., 2000; Mitidieri et al., 2006, citados por Silva, 2017)

As amilases desramificadoras, como a isoamilase (EC 3.2.1.68) e pululanase tipo I (EC 3.2.1.41), hidrolisam exclusivamente as ligações glicosídicas do tipo α-1,6. As pululanases clivam o pululano e amilopectina, enquanto a isoamilase pode hidrolisar somente as ligações α-1,6 na amilopectina. Já as transferases clivam as ligações glicosídicas α-1,4 da molécula doadora e transferem parte do doador para um aceptor glicosídico com a formação de uma nova ligação (Maarel et al., 2002). Entre elas, a mais importante é a α-amilase, que desempenha um papel fundamental na conversão do amido em produtos de baixa massa molecular, os quais podem ser utilizados por outras enzimas do mesmo grupo.

A α-amilase é encontrada em diversas espécies microbianas, desde as archaebactérias, como *Thermoccoccale sp.*, *Sulfolobus sp.* e *Pyroccoccus sp.*, até espécies largamente estudadas como *Baccillus sp.*, *Aspergillus sp.*, *Candida sp.*, *Clostridium sp* e *Lactobacillus sp.* (Taffarrello, 2004).

Exemplificando

A hidrólise enzimática do amido é executada em duas etapas: (1) liquefação e (2) sacarificação. No processo de liquefação, os grânulos de amido são dispersos em solução aquosa, aquecidos (causando a gomificação) e hidrolisados parcial e irreversivelmente, com auxílio da α-amilase. A temperatura de gomificação varia bastante entre os amidos de diferentes fontes botânicas, oscilando na faixa de 65 °C a 105 °C, sendo necessária, muitas vezes, a exposição a altas temperaturas para a total gomificação. Após a liquefação, a solução de maltodextrina é hidrolisada em glicose por uma enzima desramificante, seja endoenzima (isoamilase e pululanase), seja exoenzima (β-amilase e glicoamilase), atuando sobre as ligações glicosídicas α-1,6 da amilopectina. O resultado dessa segunda etapa, a sacarificação, é uma solução de sacarídeos de baixo peso molecular como glicose e maltose (Maarel et al., 2002).

São amplas as aplicações das amilases em processos industriais, como na panificação, na fabricação de cerveja, no processamento de amido, nas indústrias farmacêutica, têxtil, de detergentes e de papel. Seu emprego é direcionado, especificamente, para a hidrólise do amido, a geração de glicose, maltose, e uma mistura de malto-oligossacarídeos.

De acordo com Mussatto, Fernandes e Milagres (2007), na panificação a enzima α-amilase promove a decomposição do amido, que leva à produção de maltose, aumentando a maciez e a textura da massa e do miolo e mantendo o pão fresco por mais tempo. Já a amilase maltogênica e a xilanase conferem estabilidade à massa, ao passo que a protease altera a elasticidade e a textura do glúten e aprimora a cor e o sabor do pão.

Outrossim, é cada vez maior o número de produtos de limpeza que contêm enzimas, em especial amilases, proteases, lipases e celulases. Cada uma delas "ataca" um tipo de substância, tornando-a solúvel em água e facilitando sua remoção. As amilases têm a função de remover manchas de amido, que não aderem somente na fibra de algodão e celulose, podendo se ligar também às manchas de molhos, frutas, chocolate etc., que formam um fino filme sob a camada superficial do tecido

(Novozymes, 2003, citado por Borba et al., 2017). Outra aplicação é na produção de hidrolisados de amido, obtendo-se glicose e frutose como produto final. O amido é convertido em xaropes de milho com alto teor de frutose. Por sua alta propriedade adoçante, eles são usados em grandes quantidades como adoçantes na indústria de refrigerantes (Gupta et al., 2003).

A amilase é uma enzima encontrada na saliva do organismo humano e de outros animais, integrando o processo químico digestivo. Assim, os alimentos que contêm significativas quantidades de amido sofrem a ação da enzima amilase, que degrada parte do amido em açúcar. O pâncreas e a glândula salivar produzem a amilase, mais precisamente a α-amilase (Figura 4.6), para hidrolisar o amido dietético em dissacarídeos e trisacarídeos, que são convertidos, por outras enzimas, em glicose a fim de fornecer energia ao corpo.

Figura 4.6 – Diagrama da fita da α-amilase salivar humana

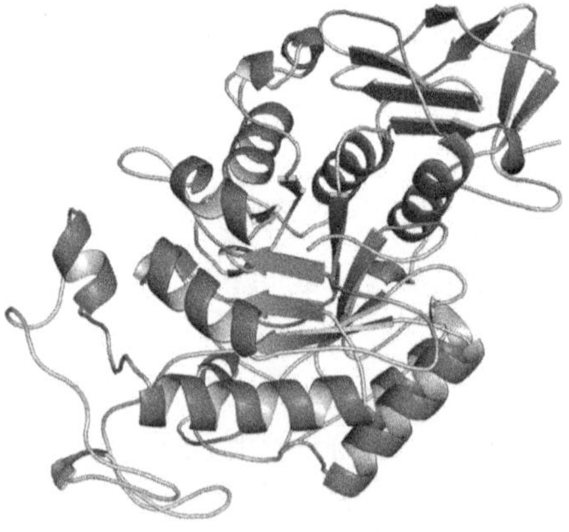

Wirestock Creators/Shutterstock

4.4 Proteases

Proteases são enzimas que hidrolisam ligações peptídicas entre os aminoácidos das proteínas, modificando os substratos com grande especificidade e seletividade. O esquema a seguir mostra, de forma simplificada, a ação das enzimas celulases, proteases e amilases, enzimas extracelulares que degradam moléculas orgânicas complexas (substrato) em moléculas simples assimiláveis pelos microrganismos.

Celulases

Celulose → Glicose

Proteases

Proteínas → Aminoácidos

Amilases

Amido → Glicose

No sistema de classificação das enzimas, as proteases são enquadradas no código EC 3.4, designadas como pertencentes à família das hidrolases, já que, na reação afim, envolvem molécula de água no meio reacional, no sítio catalítico enzimático (Chaud; Vaz; Felipe, 2007; Muri, 2014; Patel, 2017). Cada protease é atribuída a uma família com base em semelhanças estatisticamente significativas na sequência de aminoácidos. Cada família é identificada por uma letra representando o tipo de catálise realizada por suas enzimas proteolíticas (A-aspatica,

C-cisteína, G-glutâmica, N–asparagina, P-misturadas, S-serina, T-treonina, U-desconhecido), juntamente com um número. Algumas famílias podem, ainda, ser divididas em subfamílias (Rawlings; Morton; Barrett, 2006).

As enzimas proteases são intensamente exploradas na fabricação de detergentes e na indústria de alimentos. No primeiro contexto, têm como função a remoção de manchas nos processos de limpeza e lavagem; já no segundo cenário, visam ao amaciamento de carnes, à obtenção de hidrolisados proteicos e à estabilidade da cerveja ao frio (Rao et al., 1998).

Considerando-se a necessidade de desenvolver tecnologias que não poluam o meio ambiente, essas enzimas são bastante comuns no tratamento do couro com a função de remoção da elastina. São utilizadas, para tanto, a tripsina combinada com outras proteases, geralmente produzidas por *Bacillus ou Aspergillus*. A escolha da protease depende de sua especificidade pelas proteínas da matriz (queratina e elastina, por exemplo), e a quantidade de enzima a ser utilizada depende do tipo de couro que se está produzindo (duro ou mole) (Rao et al., 1998).

Segundo Borba et al. (2017), no grupo das enzimas proteases, quatro podem ser aplicadas industrialmente em produtos de limpeza, são elas: (1) alcalase, (2) savinase, (3) ervelase e (4) esperase. Os autores explicam:

> Alcalase é uma enzima que funciona em meios neutros ou pouco alcalinos. Tem seu grande uso na preparação de detergentes para lavagem de roupas delicadas (Alvarez, 1994). A savinase tem origem bacteriana, apresenta alta atividade em meios alcalinos e em condições medianas

> de temperaturas. Esta enzima é muito utilizada em detergentes para lavagem industrial de roupas (Brasil, 2003). A everlase é uma variante da savinase, que possui modificação proteica para ter excelente capacidade de armazenamento de detergentes com lixivia. É uma enzima muito utilizada para lavagem industrial de roupas e para lavagem de louças (Novozymes, 2003). A esperase é uma enzima de origem bacteriana apresentando alta eficiência catalítica em meios extremamente alcalinos e em altas temperaturas. É uma enzima mais aplicada em detergentes industriais (Brasil, 2003). (Borba et al. 2017)

Na indústria alimentícia, encontra-se a aplicação de proteases oriundas de fungos na panificação, em que se altera a elasticidade e textura do glúten. Em laticínios, a protease quimosina catalisa a coagulação das proteínas do leite produzindo queijos. As enzimas papaína, bromelina e ficina são utilizadas no amaciamento da carne, esta também é usada para facilitar a retirada da casca de camarões. Em vinhos e bebidas destiladas, a protease serve para quebrar proteínas, em que, no caso das cervejas, empregam-se papaína e bromelina para evitar turvação do produto (Chaud; Vaz; Felipe, 2007; Orlandelli et al., 2012).

Alguns tipos de protease, incluindo a papaína, podem hidrolisar as ligações peptídicas do colágeno e da queratina no estrato córneo da pele. O controle do dano causado à pele pode, consequentemente, acionar a via de reparação, fazendo uma camada de pele mais lisa e suave (Sim et al., 2000).

Vale lembrar que os microrganismos produtores de proteases comerciais são as bactérias e os fungos. A enzima estreptoquinase é produzida pela bactéria *Streptococcus β-hemolíticos do grupo c*; a enzima colagenase é produzida pela bactéria *Clostridium histolyticum*; renina e quimosina são produzidas pelo fungo *Aspergillus niger*. Outro exemplo são as proteases produzidas pelo fungo *Aspergillus oryzae* e pelas bactérias *Bacillus licheniformis* e *Bacillus amyloliquefaciens*, que estão sendo utilizadas na indústria coureira e para o *peeling* (Monteiro; Silva, 2009; Orlandelli et al., 2012).

Enzimas proteolíticas desempenham papel fundamental em muitos processos fisiológicos, como a coagulação do sangue, a regulação da expressão gênica e a degradação proteica, conforme mostra a Figura 4.7, a seguir.

Figura 4.7 – Digestão de proteínas

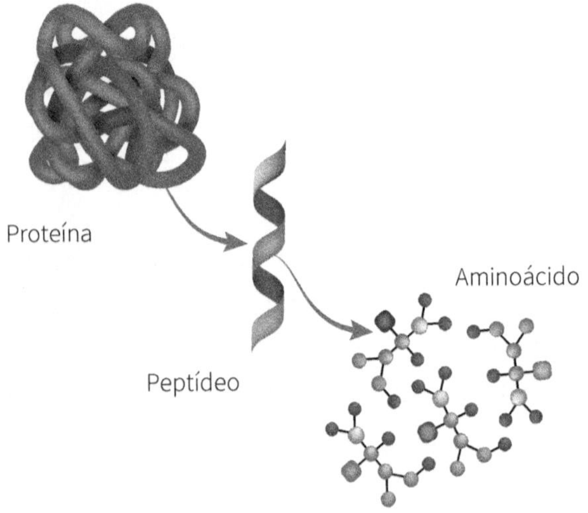

Designua/Shutterstock

Logo, na digestão de proteínas, por exemplo, as enzimas proteases e peptidases dividem a proteína em cadeias peptídicas menores e em aminoácidos únicos, que são absorvidos pelo sangue.

4.5 Lipases

As enzimas lipases (triacilglicerol éster hidrolases, E.C.3.1.1.3) exercem a função biológica de catalisar a hidrólise de triglicerídeos para produzir ácidos graxos livres, diacilgliceróis, monoacilgliceróis e glicerol (Figura 4.8). Essa reação é reversível e, portanto, essas enzimas catalisam a formação de acilgliceróis a partir de ácidos graxos e glicerol na interface óleo-água (Hatzinikolaou et al., 1996).

Figura 4.8 – Reação de hidrólise catalisada pela lipase

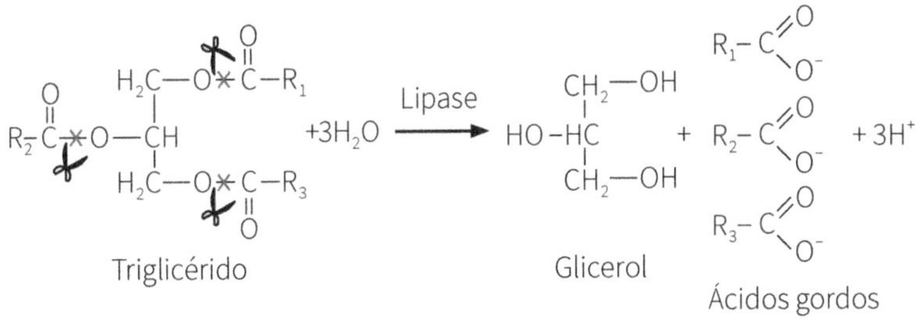

Fonte: Lasón; Ognowski, 2010, p. 15, citados por Esteves, 2019.

As lipases são amplamente encontradas na natureza, podendo ser obtidas a partir de fontes animais, vegetais e microbianas. Entretanto, somente as lipases microbianas são comercializadas, visto que constituem um importante grupo de enzimas, devido à versatilidade de suas propriedades e à fácil produção em massa. As lipases microbianas compreendem uma diversidade de propriedades enzimáticas e especificidades do substrato, o que as torna muito atrativas no âmbito industrial (Castro et al., 2004; Hasan; Shah; Hammed, 2006, citados por Roveda; Hemkemeier; Colla, 2010).

Segundo Maldonado (2006, p. 3), as lipases assumem inúmeras finalidades em variados tipos de indústrias, "tais como de alimentos (aditivos, modificadores de aromas), química fina (síntese de ésteres), detergente (remoção de gorduras), tratamento de efluentes (remoção de produtos oleosos), farmacêutica (remédios, digestivos, enzimas para diagnósticos etc.)". De acordo com o autor, o potencial de uso industrial das lipases em detergentes, biotransformações e reações de interesterificação (equação 1) e transesterificação (equação 2) tem instigado ainda mais o interesse por essas enzimas. "Lipases com especificidade comprovada têm especial importância nessas reações [...], uma vez que os produtos formados podem ser mais facilmente obtidos por via enzimática do que em processos químicos convencionais" (Maldonado, 2006, p. 3).

Equação 1

$$RCH_2OH + R'COOCH_2R'' \leftrightarrow R''CH_2OH + R'COOCH_2R$$

Equação 2

$$RCOOCH_2R' + R''COOCH_2R''' \leftrightarrow RCOOCH_2R''' + R''COOCH_2R''$$

Uma grande aplicação das enzimas lipases é na indústria de aromas, na produção de queijos enzimaticamente modificados (EMC – *Enzyme Modified Cheese*), cujo aroma é intensificado pela ação de enzimas, entre as mais aplicadas estão as lipases e as proteases. Queijos enzimaticamente modificados do tipo *cheddar*, parmesão, romano, suíço, e *gouda* estão comercialmente disponíveis. A seguir, a Figura 4.9 esquematiza a produção de *EMC* (Kilcawley, 1998, citado por Oliveira, 2010).

Figura 4.9 – Fluxograma de produção de EMC

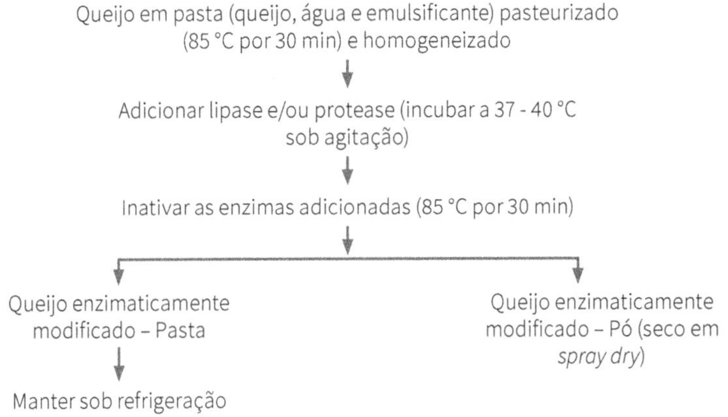

Fonte: Oliveira, 2010, p. 37.

Esses queijos enzimaticamente modificados são feitos, geralmente, a partir de uma pasta de queijos obtida por meio de produtos do mesmo tipo. A pasta contendo a enzima é incubada, e o tempo e a temperatura devem ser cuidadosamente controlados de acordo com a enzima utilizada. Após o período de incubação, a enzima deve ser inativada a fim de parar a reação e, assim, garantir a estabilidade do aroma (Kilcawley, 1998, citado por Oliveira, 2010).

Exercícios resolvidos

3. Enzimas são cadeias de polímeros formadas por aminoácidos ligados sucessiva e covalentemente entre si por ligações peptídicas. São biocatalisadores presentes em sistemas biológicos e em organismos vivos, que aceleram ou possibilitam a ocorrência de uma reação sem serem consumidas. No que diz respeito às enzimas abordadas neste capítulo, analise as afirmações a seguir.
   I. As enzimas proteases são capazes de romper o anel aromático de hidrocarbonetos policíclicos aromáticos e formar compostos que podem, posteriormente, ser mineralizados.
   II. A α-amilase é uma enzima com diversas aplicações industriais, sendo a mais conhecida e estudada se comparada as demais amilases.
   III. Pequenos fragmentos de proteínas são conhecidos como *peptídeos*, e fragmentos maiores são chamados de *polipeptídeos*. As enzimas que quebram os peptídeos são chamadas de *peptidases*.
   IV. As lipases catalisam a oxidação de uma ampla faixa de aminas fenólicas e aromáticas, e o uso de sistemas mediados por essas enzimas é uma alternativa promissora para processos biotecnológicos de interesse ambiental.

Assinale a alternativa que apresenta as afirmativas corretas:

a) III e IV.
b) II e IV.
c) II e III.
d) I, II e III.

Gabarito: (c). As descrições das afirmativas I e II são características da enzima lactase, que não foi abordada neste capítulo. Em I é afirmado que as proteases quebram cadeias aromáticas de hidrocarbonetos, a ação dessas enzimas, porém, incide sobre as cadeias peptídicas das proteínas.

No organismo humano, a lipase, por ser uma enzima digestiva, é produzida principalmente no pâncreas, tendo como finalidade quebrar a gordura da alimentação em moléculas menores, para que, assim, possam ser absorvidas pelo intestino. Além do pâncreas, a boca e o estômago produzem um pouco de lipase com o propósito de facilitar a digestão. A taxa elevada de lipase no sangue normalmente é tratada de acordo com a causa do problema, pois seus níveis aumentados evidenciam a existência de alguma doença no sistema digestivo, especialmente pancreatite aguda. Esse teste geralmente é feito junto com a medição da amilase, já que ambas favorecem o diagnóstico eficiente da causa do problema (Lemos, 2021).

Síntese

Neste capítulo, chegamos às seguintes conclusões:

- Enzimas são moléculas de natureza, geralmente, proteica, capazes de catalisar, ou seja, acelerar as reações químicas, e estão presentes em todas as células.
- Uma das formas de agregar valor aos resíduos agroindustriais, via de regra, é submetê-los a processos industriais a fim de obter produtos de maior valor agregado e, ao mesmo tempo, minimizar o despejo desses rejeitos no meio ambiente.
- As enzimas celulolíticas são capazes de hidrolisar as ligações β-1,4-glicosídicas da cadeia da celulose, que é o principal componente da parede celular da biomassa vegetal.
- O complexo enzimático celulolítico consiste em três grupos de enzimas que atuam sinergisticamente na conversão da celulose em glicose: (1) endoglucanases, (2) exoglucanases e (3) β-glicosidases.
- As enzimas hemicelulolíticas são um grupo diverso de enzimas que hidrolisam hemiceluloses. A xilanase é a hemicelulase mais estudada, pois participa da hidrólise da xilana, que é o principal tipo de hemicelulose.
- Proteases são enzimas que quebram ligações peptídicas entre os aminoácidos das proteínas.
- As amilases são enzimas catalisadoras da hidrólise da amilopectina, da amilose e do glicogênio, presentes no amido, formando principalmente maltose e dextrinas.
- Lipases são enzimas que transformam lipídios (gorduras) em ácidos graxos e glicerol.

Capítulo 5

Bioprocessos na produção de alimentos

Conteúdos do capítulo

- Fermentação láctea.
- Produção de iogurtes.
- Produção de queijos.
- Fermentação alcoólica.
- Produção de cerveja.
- Produção de pães.

Após o estudo deste capítulo, você será capaz de:

1. identificar as reações que ocorrem em uma fermentação láctea e suas aplicações;
2. distinguir as etapas para produção de iogurtes e queijos a partir da fermentação láctica;
3. descrever as etapas da produção de cerveja;
4. diferenciar os tipos de cervejas;
5. especificar as etapas do processamento do pão.

O emprego de bioprocessos na produção de alimentos está diretamente relacionado à microbiologia industrial, que trata do uso de microrganismos em processos industriais ou nos quais suas atividades apresentem significância industrial (Almeida et al., 2011).

É possível observar a aplicação dos bioprocessos na indústria de alimentos em produtos do nosso dia a dia. Como exemplo, podemos citar pães e laticínios, sintetizados, majoritariamente, a partir do metabolismo de leveduras e bactérias, bem como bebidas como as cervejas e os vinhos. Contudo, além dos produtos de panificação, das bebidas alcoólicas e dos laticínios, existem muitos outros tipos de alimentos fermentados. "Alguns são de origem animal (pescado, embutidos e presuntos), mas a maioria é de origem vegetal, tanto no Ocidente (chucrute, picles, azeitonas, café, cacau, chá) como no Oriente (shoyu, misó, tempeh, kimchi etc.) e na África (gari, kokonte ou lafun, agbelima, togwa, kenkey)" (Malajovich, 2012, p. 179).

Nesse sentido, os microrganismos, por meio dos bioprocessos, ajudam a produzir alimentos mais saudáveis, seguros e acessíveis economicamente, em operações controláveis e de alta escalabilidade.

5.1 Processos fermentativos

Há centenas de anos, conforme defendem Santos, Alves e Silveira (2009), o ser humano tem consumido alimentos resultantes da ação de microrganismos. Só a pouco mais de cem anos, porém, os cientistas comprovaram que "os microrganismos são responsáveis pela produção de muitos produtos, podendo ser usado como matéria-prima barata e abundante, a temperaturas e pressões normais, evitando a necessidade de sistemas pressurizados, caros e perigosos e, de modo geral, não produzem resíduos tóxicos" (Santos; Alves; Silveira, 2009, p. 1). De acordo com Malajovich (2011, citada por Almeida et al., 2011, p. 4):

> Alimentos fermentados são definidos como aqueles alimentos sujeitos à ação de microrganismos ou enzimas, para que mudanças bioquímicas desejáveis causem modificações significativas nos mesmos. Pela fermentação,

os alimentos tornam-se mais nutritivos, aumentam a digestabilidade e a palatabilidade, além de serem mais seguros ou adquirirem um odor melhor. A fermentação é um processo de preservação relativamente eficiente, de baixa energia, que aumenta a vida do produto e reduz a necessidade de refrigeração ou outras operações de energia intensiva para a preservação dos alimentos.

Alguns exemplos da aplicação de processos fermentativos na indústria alimentícia são a produção de massas fermentadas (pães e panetone), carnes fermentadas (salame e linguiça), bebidas fermentadas (cerveja e vinho), bebidas destiladas (conhaque e aguardente), leite fermentado (iogurte e queijo) e condimentos (vinagre e glutamato) (Almeida et al., 2011). Na sequência, vejamos alguns desses processos na indústria.

5.2 Fermentação láctica

Segundo a descrição de Sousa et al. (2017, p. 746), "a fermentação láctica é realizada por bactérias denominadas lácteas do gênero *Lactobacillus*, *Streptococcus*, *Leuconostoc* e *Pediococcus*, que promovem a conversão da glicose a ácido pirúvico e assim a redução do mesmo a ácido lático". Todos os gêneros pertencentes ao grupo das bactérias lácteas têm a capacidade de produzir ácido lático a partir de hexoses, de modo que, baseado no metabolismo da glicose, podem ser classificadas em dois grupos: (1) as homofermentativas, que produzem ácido lático como produto principal ou único de seu metabolismo;

e (2) as heterofermentativas, que produzem quantidades equimolares de lactato, dióxido de carbono e etanol a partir das hexoses (Jay, 1996).

Figura 5.1 – Esquema da fermentação láctica

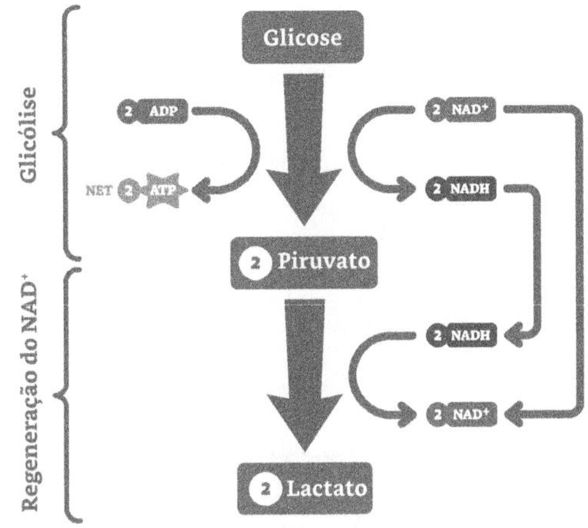

VectorMine/Shutterstock

A fermentação láctica consiste na transformação da glicose em duas moléculas de ácido láctico, com um rendimento energético de duas moléculas de adenosina trifosfato (ATP). Essa fermentação tem início com a glicólise, que é a transformação da molécula de glicose em duas moléculas de ácido pirúvico (equação 1) e, logo em seguida, o ácido pirúvico converte-se em ácido láctico (equação 2).

Equação 1

$$\text{Glicose} + 2NAD + 2ADP + 2Pi \rightarrow 2\ \text{Piruvato} + 2NADH + 2H^{+} + 2ATP + 2H_2O$$

Equação 2

$$\text{Glicose} + 2ADP + 2Pi \rightarrow 2\ \text{Ácido lácteo} + 2ATP + 2\ H^{+} + 2\ H_2O$$

As bactérias lácteas são muito utilizadas para alterar as propriedades aromáticas e texturiais dos alimentos e, principalmente, para prolongar a "vida de prateleira" de frutas, carnes, leite, vegetais e cereais. Esses microrganismos integram atualmente processos de fermentação e a conservação de alimentos.

Uma das atividades probióticas exercida pelas bactérias lácticas é higienizar o tubo digestivo, "que hospeda uma microbiota abundante, defendendo o hospedeiro de infecções digestivas causadas por bactérias patogênicas" (Santos; Alves; Silveira, 2009, p. 1). A maioria dos produtos vendidos como *leite fermentado* contém um número alto desses probióticos (microrganismos vivos).

O que é

De acordo com a matéria publicada na revista *Aditivos e Ingredientes* (Fermentação..., 2021, p. 12, grifo nosso), "O termo **probiótico**, de acordo com a Legislação Brasileira, é definido como um suplemento alimentar microbiano vivo que afeta de maneira benéfica o organismo pela melhora no seu balanço microbiano".

Por fim, vale ressaltar que a fermentação láctica também acontece nas células musculares, esse processo, todavia, não acorre em condições normais, mas apenas quando há um esforço excessivo nas fibras musculares, em razão da necessidade de gerar uma grande quantidade de energia, não havendo oxigenação suficiente para a respiração celular. O acúmulo de ácido láctico nos tecidos é o que promove a dor após os exercícios.

5.2.1 Produção de iogurtes

O iogurte é preparado reduzindo-se o conteúdo de água do leite integral ou desnatado em pelo menos um quarto, o que pode ser feito em um recipiente a vácuo, depois da esterilização do leite, ou adicionando-se cerca de 5% de sólidos lácteos, sendo a água então reduzida (condensação) (Fermentação..., 2021).

Sousa et al. (2017, p. 747) descrevem o processo de produção de iogurtes da seguinte forma:

> O leite é inoculado com uma mistura de bactérias *Streptococcus thermophilus* e *Lactobacillus delbrueckii bulgaricus* e incubado a 45 °C por várias horas. Durante esse tempo, o estreptococo produz ácido láctico a partir da fermentação da lactose do leite: o lactobacilo, por sua vez, produz a maior parte das substâncias que conferem cremosidade, sabor e aroma característicos do iogurte.

Quando o leite atinge o pH 4,5 (ácido), ele coagula, ficando firme. Nesse ponto, o iogurte contém cerca de 1 milhão de bactérias/ml. Quando estão na presença dos lactobacilos, os *Streptococcus* crescem mais rapidamente se comparado aos bastonetes, e produzem uma quantidade maior de ácido láctico em contraste com quando são utilizados sozinhos. A produção de acetaldeído também aumenta (o componente volátil mais importante no sabor do iogurte) quando o *Lactobacillus bulgaricus* cresce em meio com a presença do *S. thermophilus*. Os cocos produzem aproximadamente 0,5% de ácido láctico e os bastonetes entre 0,6% e 0,8% (pH de 4,2 a 4,5), porém, se ocorrer um aumento no tempo de incubação, o pH pode diminuir para um valor em média de 3,5, e consequentemente o ácido láctico pode aumentar para 2% (Fermentação…, 2021).

Para a fabricação de um iogurte de boa qualidade, é necessário o equilíbrio entre a multiplicação dessas duas espécies de bactéria. Em alguns casos, outros tipos de microrganismos, como as leveduras, podem participar desse processo fermentativo (Sousa et al., 2017).

O mercado de bebidas lácteas é bastante importante para a cadeia do leite, uma vez que disponibiliza um produto com boas quantidades nutricionais para concorrer com outros tipos de bebidas alimentícias, como os refrigerantes. Várias empresas trabalham no ramo de desenvolvimento de aditivos aplicáveis ao leite para preparo dessas bebidas, por exemplo, fermentos, acidificantes, aromatizantes, edulcorantes, estabilizantes, agentes empregados para dar textura, corantes e preparos de frutas (Marchiori, 2006).

De acordo com Thamer e Penna (2006), as bebidas lácteas fabricadas contendo o soro do leite em sua formulação vêm se destacando no mercado de produtos lácteos em virtude de seu alto valor nutritivo, sendo uma considerável fonte de cálcio e proteínas, assim como do baixo custo de produção, razão por que oferece preço final menor para o consumidor.

Miguel e Leite (2018), em matéria publicada no *site* Animal Business Brasil, defendem que o *kefir* é o iogurte do século XXI. O *kefir* é um leite fermentado produzido pela ação de bactérias do tipo *L. lactis* e *L. bulgaricus* e leveduras fermentadoras de lactose, que existem em associação simbiótica e compõem os grãos de *kefir*. Os grãos de *kefir* (Figura 5.2) "desempenham papel de cultura fermentadora durante a produção do kefir e são recuperados após o processo de coagem do leite".

Figura 5.2 – Grãos de *kefir*

Madeleine Steinbach/Shutterstock

A quantidade de microrganismos presentes no *kefir*, a diversidade de possíveis compostos bioativos e os vários benefícios associados ao seu consumo fazem dessa bebida um probiótico natural, designado, assim, como o iogurte do século XXI. "Vários estudos têm demonstrado que o *kefir* e seus constituintes apresentam atividade antimicrobiana, antitumoral, anticarcinogênica, imunomoduladora, melhora da digestão da lactose, entre outras" (Miguel; Leite, 2018).

5.2.2 Produção de queijos

A produção da maioria dos queijos resulta de uma fermentação láctica. Todos os tipos de queijos produzidos passam pelas seguintes etapas: coagulação, dessoramento e maturação, como apresentado no esquema da Figura 5.3.

Figura 5.3 – Etapas da produção industrial de queijos

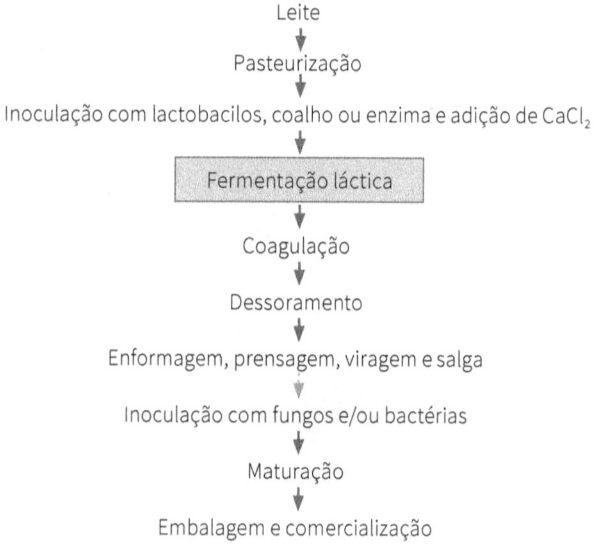

Fonte: Malajovich, 2012, p. 186.

A tecnologia voltada à produção de queijos permite muitas variações, chegando a mais de 400 tipos diferentes. Como exemplo dessas variações, podemos citar a origem do leite, que pode ser de vaca, cabra, ovelha ou búfalo; o agente da coagulação, que pode ser o calor, as enzimas, as bactérias lácticas ou ambas; a umidade e a consistência, que pode ser classificada em mole, semidura, dura e muito dura; e a maturação (Malajovich, 2016).

Inicia-se o processo de fabricação de queijos com o preparo do leite. No passado, esse leite era coletado, estocado e transportado em temperatura ambiente sem receber nenhum tipo de tratamento. Hoje, o leite deve ser refrigerado imediatamente após a ordenha e mantido sob refrigeração para evitar o desenvolvimento microbiológico, além de ser pasteurizado, o que elimina bactérias patogênicas e reduz o número de bactérias deterioradoras. Em seguida, esse leite pasteurizado é inoculado com uma cultura láctica apropriada. A cultura produz ácido láctico no processo de fermentação láctea, que, juntamente com a renina, forma a coalhada. A renina ou coalho nada mais é do que uma mistura de enzimas (ex. quimosina e pepsina), que, quando adicionada ao leite, produz a primeira etapa de formação do queijo, a coagulação. Para repor o cálcio insolubilizado durante a pasteurização, é adicionado cloreto de cálcio ($CaCl_2$) no leite pasteurizado, de modo a recuperar a firmeza da coalhada e evitar a perda de sólidos e a queda na produtividade (Fermentação..., 2021).

A escolha da espécie bacteriana nessa fabricação depende da quantidade de calor aplicada à coalhada. "O *S. termophilus* é empregado na produção de ácido láctico em coalhadas cozidas, pois é mais tolerante ao calor do que a maioria das outras culturas *starter*, uma combinação de *S. termophilus* e *L. lactis* subsp. *lactis* é empregada em coalhadas que passam por um cozimento intermediário" (Fermentação…, 2021).

Na etapa de dessoramento, a coalhada é comprimida, pressionada e depois salgada. A etapa da maturação é efetivada em condições apropriadas ao queijo em manipulação, para, em seguida, ele ser embalado e comercializado. O tempo de maturação é um dos fatores principais que diferencia um queijo do outro.

O queijo parmesão, por exemplo, original de Parma, na Itália, mas também bastante popular no Brasil, apresenta três variações básicas classificadas quanto ao tempo de maturação: o montanhês, que fica em maturação por 4 meses; o parmesão, por mais de 6 meses; e o *premium*, que passa até três anos maturando. Todos têm, em comum, a casca mais escura, dura e oleosa (Os principais..., 2014). No Brasil entre os queijos mais produzidos estão o do tipo muçarela, com um percentual de 30% do mercado, o queijo prato com 20%, o requeijão com 7,5% e o minas frescal com 6%. Esses quatro tipos de queijo representam 60% dos queijos produzidos no país. Contudo, há vários outros tipos produzidos, chegando a cerca de 70 tipos (Os principais..., 2014).

O queijo do tipo minas apresenta duas variedades mais importantes: o frescal e o padrão. Segundo a Agência Nacional de Vigilância Sanitária (Anvisa), as variações do queijo minas frescal podem ser classificadas quanto à umidade: alta umidade (46%) ou muita alta umidade (55%), com bactérias lácticas abundantes e viáveis; e de muita alta umidade (55%), elaborados por coagulação enzimática, sem a ação de bactérias lácteas (Salotti et al., 2006).

Exercícios resolvidos

1. Os lactobacilos são um tipo de bactéria láctea que está presente no leite. Essas bactérias agem na fermentação láctica do leite e, ao final da reação, obtém-se como produto final o ácido láctico. A lactose, que é o açúcar presente no leite, é convertida, por ação enzimática que ocorre fora das células bacterianas, em glicose e galactose. Com base nessas informações, assinale a alternativa **incorreta** a respeito desse tipo de processo fermentativo:
   a) Na indústria de alimentos, o ácido láctico é utilizado na fabricação de iogurtes e queijos e na conservação de carnes. Para a produção do ácido láctico, são utilizadas as bactérias dos gêneros *Lactobacillus e Streptococcus.*
   b) Na produção industrial de queijos, o leite deve passar, inicialmente, por uma etapa de pasteurização e, em seguida, ser resfriado para só então ser utilizado como matéria-prima na produção de queijo.
   c) A produção de iogurtes ocorre por meio de uma fermentação láctica cujas principais bactérias utilizadas são as dos gêneros *Streptococcus salivarius* subespécie *thermophillus* e *Lactobacillus delbrueckii* subespécie *bulgaricus.*
   d) Um aumento no pH do meio fermentado causado pelo ácido lático pode provocar a coagulação das proteínas do leite e a formação do coalho, usado na fabricação de iogurtes e queijos.

Gabarito: (d). Na fermentação láctica, as principais bactérias utilizadas são as dos gêneros *Lactobacillus* e *Streptococcus* como também os *Leuconostoc* e *Pediococcus*. A necessidade da pasteurização do leite antes de ser utilizado na produção de queijos é para a eliminação de microrganismos patogênicos e deterioradores. O esfriamento deve-se ao fato de que, depois da inoculação por bactéria apropriada, a maioria das empregadas nesse tipo de fermentação ser do tipo termofílica, ou seja, cuja atividade só se efetiva em temperaturas inferiores a 39 °C. Na produção de iogurtes, as principais bactérias utilizadas são as dos gêneros *Streptococcus thermophilus* e *Lactobacillus bulgaricus*, que, quando em presença um do outro, apresentam aumento em seus metabolismos e, consequentemente, na produção de ácido láctico. A presença do ácido láctico produzido na fermentação láctica acarreta uma diminuição do pH do meio, isto é, torna-o mais ácido.

5.3 Fermentação alcoólica

A fermentação alcoólica é o processo pelo qual alguns carboidratos (principalmente a sacarose, a glicose e a frutose) são transformados em álcool etílico (ou etanol) e gás carbônico. Como microrganismos envolvidos nessa conversão, destacam-se as leveduras da espécie *Saccharomyces cerevisiae*, que são as responsáveis por consumir os carboidratos fermentáveis, produzindo etanol e CO_2, como produtos principais, e ésteres (acetato de etila, acetato de isoamila, acetato de n-propila), ácidos (acético, propiônico) e álcoois superiores (1-propanol, 2-metil-1-propanol, 2-metil-1-butanol e 3-metil-1-butanol), como produtos secundários.

A reação da fermentação alcoólica de carboidratos, como a glicose, é dada pela equação 3:

Equação 3

$$C_6H_{12}O_6 \rightarrow 2\ C_2H_5OH + 2\ CO_2$$

A oxidação do álcool a ácido acético pode ser exemplificada para o caso do etanol pela equação 4:

Equação 4

$$C_2H_5OH + O_2 \rightarrow CH_3COOH + H_2O$$

Esses dois produtos da fermentação alcoólica são utilizados na indústria alimentícia: o álcool etílico é empregado há séculos na fabricação de bebidas alcoólicas, como cervejas, vinhos e cachaças, e o gás carbônico, na fabricação de pães (Ferreira, 2007, citado por Almeida et al., 2011).

5.4 Produção de cerveja

A cerveja é uma bebida alcoólica não destilada, obtida da fermentação alcoólica do mosto de um cereal maltado. Esse cereal é a fonte de amido da cerveja, ou seja, o ingrediente fermentável. Grãos como milho, arroz, trigo, aveia, cevada, centeio e sorgo podem ser utilizados como malte para produção de cervejas, sendo que a cevada é o mais comum.

Segundo D'Avila et al. (2012), as cervejas podem ser denominadas de acordo com sua proporção de malte de cevada. De acordo com as autoras:

> Quanto à proporção de malte de cevada, aquelas que têm como única fonte de açúcares o malte de cevada podem ser denominadas de "cerveja de puro malte"; aquelas em que o malte de cevada representa quantidade igual ou superior a 55% em peso sobre o extrato primitivo recebem a denominação "cerveja" e aquelas cuja proporção de malte de cevada for maior que 25% e menor que 55% devem conter a expressão "cerveja de...", seguida do nome do vegetal predominante (Brasil, 2009). (D'Avila, 2012, p. 61)

A secagem e a torrefação do malte determinam a cor e o aroma da cerveja (caramelo, chocolate, café, entre outros), uma ampla variedade sensorial. Logo, quanto mais torrado o malte, mais escura é a cerveja. D'Avila et al. (2012, p. 61) discorrem sobre a composição da cerveja da seguinte forma:

> O peso da cerveja deve-se majoritariamente à água, que representa cerca de 92-95% de sua constituição. Os cereais utilizados servem de fontes de carboidratos fermentáveis, proteínas, minerais, sendo que o mais utilizado é a cevada malteada. Do lúpulo (*Humulus lupulus*) provêm óleos essenciais, substâncias minerais, polifenóis e resinas amargas, que conferem à bebida o amargor, sabor característico, e propriedades antimicrobianas.

Figura 5.4 – Lúpulo

John Navajo/Shutterstock

Mega, Neves e Andrade (2011, p. 36) explicam que a "forma mais comum de utilização do lúpulo é em *pellets*, pequenas pelotas de flores prensadas. Assim, é possível reduzir o volume de lúpulo a transportar e, ao mesmo tempo, manter suas características originais". A quantidade e o tipo (variedade) de lúpulo utilizado são um segredo guardado a sete chaves pelos mestres cervejeiros.

O que é

O **lúpulo**, assim como mostra a Figura 5.4, é uma planta da família *Cannabaceae*, espécie de angiosperma que apresenta inflorescências (agrupamento de flores) que contêm substâncias importantes que garantem aroma, amargor e outras propriedades à cerveja. O lúpulo é usado de diferentes formas na indústria cervejeira: como extrato, flores inteiras ou *pellets*.

5.4.1 Processamento da cerveja

Após serem colhidos, os grãos de cevada são direcionados para as maltarias, onde são submetidos à germinação controlada. Esse processo faz com que esses vegetais produzam um conjunto de enzimas, entre as quais estão as amilases, que são enzimas responsáveis por converter o amido dos grãos em açúcares fermentescíveis, e para posterior ação microbiana, sendo, assim, fundamentais para a fabricação de cerveja (Mega; Neves; Andrade, 2011).

A fabricação da cerveja inicia-se com a maltagem, em que os grãos de cevada germinados são secos e triturados. O malte obtido nessa etapa contém as enzimas metabolizadas durante a germinação, capazes de catalisar a conversão do amido em açúcares fermentescíveis. Esse processo é indispensável porque, sem a presença das amilases, as leveduras não conseguem fermentar o amido (Malajovich, 2016). Após o preparo do malte, a fabricação da cerveja segue as seguintes etapas: brassagem, fermentação e maturação, filtração e envasamento, como mostra a Figura 5.5.

Figura 5.5 – Etapas da produção de cerveja

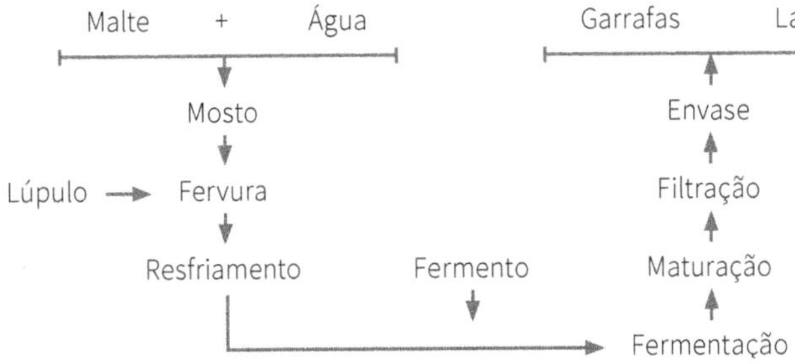

Fonte: Rosa; Afonso, 2015, p. 101.

A etapa da brassagem é a primeira do processamento da cerveja, e nela as matérias-primas (malte e adjuntos) são misturadas à água e dissolvidas, com a finalidade de se obter uma mistura líquida rica em açúcares, denominada *mosto*, que é a base para a futura cerveja (Rosa; Afonso, 2015). Essa mistura é então cozida e, durante o processo, o amido do malte é convertido em açúcar. O resultado é um líquido turvo e grosso (mosto). O mosto é filtrado e novamente fervido. Nesse momento é adicionado o lúpulo, o responsável pelo sabor amargo da cerveja. Para seguir para etapa da fermentação o mosto é resfriado (Mega; Neves; Andrade, 2011).

A maltagem e a brassagem são etapas que antecedem à fermentação alcoólica, que será conduzida por leveduras (*Saccharomyces cerevisiae* e *Saccharomyces carlsbergensis*). Os processos fermentativos que utilizam leveduras que se concentram no topo do biorreator produzem as cervejas do tipo *ale*, com um percentual alcoólico abaixo de 4%. Já processos que utilizam leveduras que se depositam no fundo dos fermentadores produzem as cervejas de tipo *lager*, com percentual alcoólico de 6% (Malajovich, 2016).

É na etapa da fermentação que acontece a conversão do mosto rico em açúcares em cerveja. Como a fermentação depende da ação de microrganismos, ela é crucial no processamento da cerveja, em termos de controle. Na produção de uma boa cerveja, podemos mencionar diversos aspectos que devem ser levados em consideração na fermentação, tais como a seleção de uma cepa de microrganismo e a concentração a ser utilizada, o nível de fermentação da cerveja (alto ou baixo), os dados de crescimento e morte celular do microrganismo, e o tempo da fermentação (Junior; Vieira; Ferreira, 2009). Após a fermentação do mosto, a cerveja propriamente dita tem um teor alcoólico de 3% a 8%.

Segundo Rosa e Afonso (2015, p. 101-102), após a etapa fermentativa, a cerveja segue os seguintes passos:

> a cerveja é enviada para tanques maturadores e mantida por períodos variáveis a temperaturas abaixo de 0 °C. Ocorre a sedimentação de partículas em suspensão e desencadeiam-se reações de esterificação entre os ácidos e os álcoois produzidos na fermentação, que produzem muitos dos ésteres essenciais para o sabor da cerveja. [...] Depois de maturada, a cerveja passa por uma filtração. Adiciona-se um material adsorvente chamado terra diatomácea, que tem a função de remover partículas em suspensão, principalmente leveduras e substâncias de cor desagradável para a cerveja (como pectina e proteínas da resina dura do lúpulo) [...].

Na etapa de acabamento, são acrescentados à cerveja estabilizantes e antioxidantes com o intuito de aumentar sua validade. A cerveja acabada é estocada em tanques e depois segue para o envasamento. A etapa de envase ainda passa por uma sequência de procedimentos: enchimento das garrafas ou latas, pasteurização, rotulagem e paletizadora.

A pasteurização consiste em elevar devagar a temperatura da cerveja engarrafada ou em lata até aproximadamente 60 °C a fim de eliminar microrganismos deteriorantes, que influenciam na qualidade da cerveja. Essa temperatura é mantida por alguns minutos. Em seguida, a cerveja é resfriada até a temperatura ambiente. Graças a esse processo, é possível às cervejarias assegurar uma data de validade ao produto de 6 meses após sua fabricação.

A cerveja do tipo *Chopp* não é pasteurizada, devendo ser armazenada a baixa temperatura, em barris de madeira ou reservatório de aço inoxidável. Nesse caso, sua validade é fixada normalmente em 10 dias, no caso do *Chopp* claro, e 15 dias, no caso do *Chopp* escuro.

Para saber mais

Esse vídeo apresenta todo o processo de produção da cerveja, desde a preparação do malte, sua germinação e as etapas de brassagem, fermentação, maturação e envase. É mostrado todo o maquinário de uma indústria de cerveja e o processo de produção.

ECONÔMICO TV. Como se faz – cerveja. Disponível em: <https://www.youtube.com/watch?v=rkPQkl21j3c>. Acesso em: 26 nov. 2021.

5.4.2 Tipos de cervejas

Existem duas principais famílias de cervejas, que diferem basicamente na maneira como são fermentadas: *Ale* e *Lager*. Todas as cervejas do tipo *Ale* são produzidas a partir da fermentação alta, pela qual a levedura flota com a ajuda do CO_2 para o topo do tanque. Esse processo resulta em cervejas encorpadas, de sabores acentuados e cores diferenciadas. As cervejas do tipo *Lager* são produzidas a partir da fermentação baixa, na qual a levedura decanta durante a fermentação. O estilo de cerveja mais consumido no mundo do tipo *Lager* é o *Pilsen* (Piccini; Moresco; Munhos, 2002).

As do tipo *Ale* "são fabricadas por meio de fermentação rápida, que geralmente origina uma cerveja clara, com sabor pronunciado de lúpulo, com teor alcoólico entre 4 a 8%". Já as do tipo *Lager* "são fabricadas por fermentação lenta, que origina uma cerveja mais fraca, com teor alcoólico de 3 a 5%". É o tipo mais consumido no mundo (Piccini; Moresco; Munhos, 2002). Alguns exemplos de cervejas do tipo *Ale* são: *Porter*, *Stout*, *Bitter*, *Barley Wine*, *Pale* e *India Pale*. Já as do tipo *Lager* são: *Pilsen*, *Bock*, *Ice*, *Draft*, *Light* e *Chopp* (Piccini; Moresco; Munhos, 2002).

Segundo Junior, Vieira e Ferreira (2009), as cervejas podem ser classificadas quanto ao seu tipo, internacionalmente conhecido: *Pilsen*, *Export*, *Lager*, *Dortmunder*, *Munchen*, *Bock*, *Malzbier*, *Ale*, *Stout*, *Porter* e *Weissbier*. O Quadro 5.1 apresenta essa classificação de acordo com os seguintes parâmetros: origem, cor, teor alcoólico e tipo de fermentação.

Quadro 5.1 – Classificação de alguns tipos de cervejas

Tipo de Cerveja	Origem	Cor	Teor alcoólico	Fermentação
Pilsen	Alemanha	Clara	Médio	Baixa
Dortmunder	Alemanha	Clara	Médio	Baixa
Stout	Inglaterra	Escura	Alto	Geralmente baixa
Porter	Inglaterra	Escura	Alto	Alta ou baixa
Weissbier	Alemanha	Clara	Médio	Alta
München	Alemanha	Escura	Médio	Baixa
Bock	Alemanha	Escura	Alto	Baixa
Malzbier	Alemanha	Escura	Alto	Baixa
Ale	Inglaterra	Clara e avermelhada	Médio ou alto	Alta
Ice	Canadá	Clara	Alto	Baixa

Fonte: Junior; Vieira; Ferreira, 2009, p. 63.

A classificação das cervejas em função do tipo de fermentação abrange dois grupos: (1) o de alta fermentação e (2) o de baixa fermentação. O primeiro engloba as cervejas tradicionais (como a *Ale*), em que o microrganismo utilizado é o da espécie *Saccharomyces cerevisae* e a fermentação ocorre em temperaturas ao redor de 18 °C durante 4 ou 5 dias. O segundo compreende as do tipo *Lager*, por exemplo, e a espécie envolvida é a *Saccharomyces uvarum*, a uma temperatura em torno de 12 °C durante 8 ou 9 dias (Mega; Neves; Andrade, 2011).

Quanto ao teor alcoólico, as cervejas são categorizadas como de baixo teor (de 0,5% a 2% de álcool), de médio teor (de 2% até 4,5%) e de alto teor (acima de 4,5%). Já quanto à cor, elas são classificadas como claras cuja cor é menor que 20 unidades EBC (escala de cores desenvolvida pelo British Brewing Institute), e escuras, cuja cor é igual ou maior a 20 unidades EBC.

De acordo com Rosa e Afonso (2015), alguns cuidados ajudam a manter as características originais da cerveja, são eles:

- Consumir a cerveja com um colarinho de dois a três dedos de espuma para conservar o aroma e evitar que o gás carbônico seja liberado.
- Armazenar as garrafas em lugar fresco, ao abrigo do sol e em pé, a fim de evitar oxidação prematura.
- Refrigerar a cerveja na geladeira, e não em *freezer*, pois o congelamento de forma rápida pode prejudicar seu sabor.
- Servir tal bebida em copos e canecas pequenos e de cristal, visto que esses aspectos preservam melhor a espuma e a temperatura.
- Eliminar resquícios de gordura no copo, porque prejudicam os ensaios com a cerveja e acabam com o colarinho, acarretando a liberação do gás carbônico, o que descaracteriza o sabor do líquido.

Exercícios resolvidos

2. Alguns parâmetros são levados em consideração pelas indústrias cervejeiras para a produção de uma cerveja de boa qualidade, como a composição química da água, o tipo de malte, a proporção de malte e adjuntos, a sua variedade,

a quantidade, a forma e os pontos de adição de lúpulo, bem como a assiduidade na higienização dos equipamentos e os parâmetros fermentativos. Com base nesse processo de produção e nos tipos de cervejas abordados neste capítulo, analise os itens a seguir.

I. No processo de produção de cerveja, por meio da fermentação alcoólica, ocorre a transformação dos carboidratos dos grãos de cereais em álcool pela atuação de leveduras.
II. A cerveja do tipo *Stout* é uma cerveja escura originalmente inglesa, com teor alcoólico médio e aroma e sabor torrados, lembrando café.
III. O lúpulo, ingrediente responsável pelo sabor amargo da cerveja, é adicionado ao mosto na etapa da fermentação alcoólica, sendo mais utilizado na forma de extrato.
IV. A cerveja do tipo *Pilsen* é uma cerveja de cor clara, sabor suave, teor alcoólico médio de 3,58% e leve. É considerada adequada para o clima tropical.
V. A produção da cerveja ocorre por meio de diversas etapas, que vão desde a preparação dos cereais até o envasamento em latas ou garrafas, e tem como principal ingrediente o malte.

Assinale a alternativa que apresenta as afirmativas corretas:

a) I, II e V.
b) I, III e IV.
c) I, IV e V.
d) III, IV e V.

Gabarito: (c). As leveduras são os principais microrganismos utilizados no processo de fermentação alcoólica, destacando-se a levedura *Saccharomyces cerevisiae*. O principal ingrediente empregado na produção de cerveja é o malte de cevada. O lúpulo é adicionado na etapa de fervura do mosto, sendo posteriormente resfriado para poder seguir para a fermentação. Quanto às características da cerveja do tipo *Pilsen*, de fato ela é considerada mais leve e suave. Já a do tipo *Stout* apresenta teor alcoólico alto, variando entre 5% e 6%.

5.5 Produção de pão

Segundo Aquino (2012), o que conhecemos hoje como *pão* representa o aprimoramento tecnológico, ao longo de vários de anos, dos produtos fermentados à base de trigo. O pão é produzido a partir da farinha do trigo, mas vários cereais e leguminosas podem ser moídos para gerar essa farinha. Contudo, o potencial das proteínas presentes na farinha de trigo, capazes de transformar o mingau de farinha e água em uma massa glutinosa, prevalece quando comparado a outras sementes de cereais habitualmente utilizadas.

Diferentemente da produção de outros alimentos, como a cerveja, na produção de pães, o gás carbônico é o produto desejado, uma vez que ele promove o crescimento da massa, dando ao pão uma textura porosa; então o amido da farinha é hidrolisado em açúcares simples pelas leveduras presentes no fermento biológico, e o calor do forno provoca a expansão do gás e a evaporação do álcool, oferecendo estrutura ao pão (Sousa et al., 2017).

A produção de pães envolve, resumidamente, três etapas de fermentação, durante as quais o CO_2 liberado forma bolhas que, retidas na massa, aumentam seu volume. A etapa de divisão e boleamento da massa contribui para a redistribuição dos ingredientes e o desenvolvimento das características organolépticas (cor, sabor). A etapa da moldagem destina-se ao alinhamento das fibras proteicas do glúten. Durante a etapa de assamento da massa, a mistura etanol-água evapora e a crosta do pão adquire uma cor dourada (Aquarone et al., 2002, citados por Almeida et al, 2011).

Conforme o Sindicato de Panificação e Confeitaria do Rio de Janeiro (Stinpan, 2016), o segmento de panificadoras é representado por mais de 63.000 estabelecimentos no país, estando entre os maiores segmentos industriais brasileiros, composto majoritariamente de micro e pequenas empresas (96,3%), que atendem cerca de 40 milhões de clientes por dia, o que representa em torno de 21,5% da população nacional. A participação das panificadoras na indústria de produtos alimentares é de 36,2%, ou seja, de grande potencial no campo produtivo.

5.5.1 Etapas do processamento do pão

Os principais insumos utilizados na produção de pães podem ser divididos em dois grupos: (1) os essenciais, como a farinha de trigo, a água, o fermento biológico e o sal, e (2) os não essenciais, como o açúcar, a gordura, o leite, as enzimas, entre outros (Aquarone et al., 2001, citados por Almeida et al., 2011). Malajovich (2012, p. 179) esclarece que, na panificação, são empregados

> três tipos de fermento biológico (leveduras) [*Saccharomyces cerevisiae*] [...]: o fermento prensado ativo, com 68-72% de umidade, que requer refrigeração durante o armazenamento e dura entre três e cinco semanas.
>
> O fermento seco não ativo, que se conserva mais tempo e não exige refrigeração, mas deve ser hidratado antes de usar; e o fermento ativo instantâneo, que não requer hidratação, pode ser adicionado diretamente aos ingredientes secos.

A etapa de mistura da massa inicia-se com a pesagem dos ingredientes, nas quantidades certas. Na sequência, coloca-se tudo na amassadeira (Figura 5.6). Os insumos são misturados, formando uma massa homogênea. No processo de mistura, as proteínas, o amido e as fibras da farinha absorvem água, o que determina o ponto ideal para o desenvolvimento da massa (ABNT, 2015).

Figura 5.6 – Amassadeira em fábrica de pães

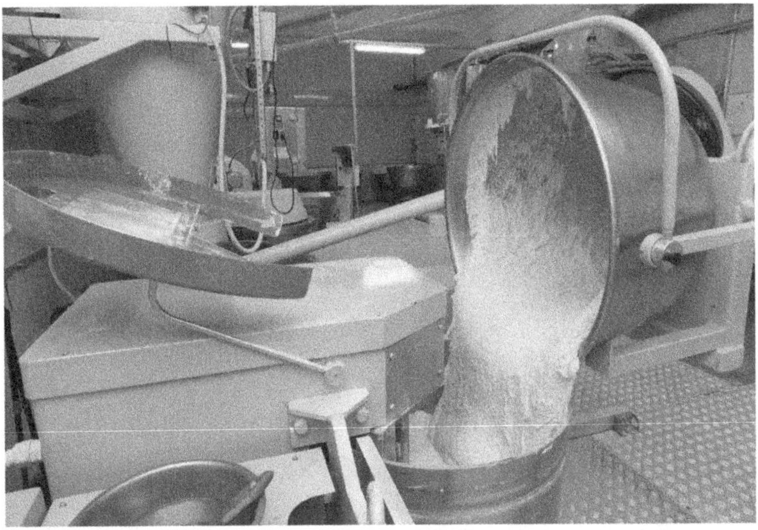

Kartinkin77/Shutterstock

Em consonância com Cauvain e Young (2009, citados por Aquino, 2012), na panificação, os métodos para o desenvolvimento da massa podem ser divididos de acordo com o processamento: método direto, esponja e massa, processamento rápido e desenvolvimento mecânico da massa.

> O processo mais simples de se elaborar pão é o sistema de método direto. Nesse sistema todos os ingredientes da formulação são misturados para desenvolver a massa que é em seguida deixada fermentar. Durante a fermentação, a massa é usualmente sovada uma ou mais vezes. Depois da fermentação, ela é dividida em pedaços do tamanho do pão, arredondada, modelada na forma do pão, e colocada na assadeira. A massa é deixada em uma fermentação adicional

> (prova) até o aumento de tamanho. Depois de atingido o tamanho, ela é colocada no forno e assada (Hoseney, 1994). (Aquino, 2012, p. 30-31)

A fermentação alcoólica ocorre pela ação do microrganismo (leveduras) sobre os açúcares presentes na massa, na ausência de oxigênio. O gás carbônico produzido na fermentação interfere nas propriedades plásticas da massa, participando da formação do sabor e do aroma do pão, além de contribuir para sua boa conservação. É no processo de fermentação final que o pão cresce de fato, adquirindo um volume adequado (Aquarone et al., 2001, citados por Almeida et al., 2011).

Exercícios resolvidos

3. Sobre as etapas do processo de panificação aqui abordadas – mistura e desenvolvimento da massa, fermentação, divisão da massa para que atinja o tamanho ideal e finalização, quando a massa do pão é colocada para assar –, analise as afirmativas a seguir.
   I. A produção de pães e outros produtos de panificação apresenta, como primeira fase, a mistura dos ingredientes (água, farinha e outros itens), seguida do amassamento, até o alcance do ponto ideal.
   II. A modelagem é executada para que a massa do pão atinja a forma desejada, podendo ser feita manual ou mecanicamente.
   III. Na fabricação de pães, utiliza-se o microrganismo (levedura) que, durante o processo fermentativo do amido presente na farinha do pão, promove o aumento do volume da massa devido à produção de gás oxigênio (O_2).

Assinale a alternativa que apresenta as afirmativas corretas:

a) I, II e III.
b) I e II.
c) I e III.
d) II e III.

Gabarito: (b). A respeito da afirmativa III, o aumento dos pães é causado pela produção de CO_2, a partir da fermentação dos açúcares presentes na massa do pão. Sendo assim, é na etapa do assamento que várias modificações físicas, químicas e biológicas acontecem, mediante a ação do calor. Por fim, tudo isso resulta em um pão leve, poroso, aromático, de cor atraente e nutritivo e, na maioria dos casos, com um delicioso sabor.

Síntese

Neste capítulo, chegamos às seguintes conclusões:

- O processo fermentativo lácteo é realizado por bactérias denominadas *lácteas*, sobretudo as dos gêneros *Lactobacillus* e *Streptococcus*, que promovem a conversão da glicose, proveniente da lactose presente no leite, a ácido láctico.
- Utiliza-se o ácido láctico obtido a partir da fermentação láctea na produção de laticínios, como queijos, coalhadas e iogurtes.
- A produção de iogurtes ocorre por meio de uma fermentação láctica cujas principais bactérias utilizadas são as dos

gêneros *Streptococcus salivarius* subespécie *thermophilus* e *Lactobacillus delbrueckii* subespécie *bulgaricus*.

- A produção da maioria dos queijos resulta de uma fermentação láctica. Todos os tipos de queijos produzidos passam pelas etapas de coagulação, dessoramento e maturação.
- A fermentação alcoólica é o processo pelo qual alguns carboidratos, como a sacarose, a glicose e a frutose, são transformados em álcool etílico e gás carbônico.
- Estes dois produtos da fermentação alcoólica são utilizados na indústria alimentícia: o álcool etílico, na fabricação de bebidas alcoólicas, como cervejas, e o gás carbônico, na fabricação de pães.
- Na composição da cerveja há: água, malte, lúpulo e fermento biológico.
- Após o preparo do malte, a fabricação da cerveja passa pelas etapas de brassagem, fermentação e maturação, filtração e envasamento.
- O fermento biológico utilizado para panificação é a levedura *Saccharomyces cerevisiae*.
- Na produção de pães, o gás carbônico é o produto que promove o crescimento da massa, dando ao pão uma textura porosa.

Capítulo 6

Bioprocessos na indústria farmacêutica

Conteúdos do capítulo

- Produção de vacinas.
- Vacinas produzidas no Brasil.
- Principais laboratórios farmacêuticos do país.
- Classificação das vacinas e as fases do processo produtivo.
- Produção de vitaminas.
- Vitaminas hipossolúveis e lipossolúveis.
- Produção de medicamentos.

Após o estudo deste capítulo, você será capaz de:

1. identificar os processos que ocorrem no organismo humano para que se possa criar uma vacina e as fases desse processo de produção;
2. descrever as vacinas que são produzidas no Brasil e os principais laboratórios farmacêuticos do país;
3. diferenciar os tipos de vitaminas e suas respectivas funções para a saúde humana;
4. distinguir as etapas necessárias para a produção de um medicamento.

O desenvolvimento da biotecnologia vem trazendo muitos avanços para as mais diversas áreas de interesse industrial, inclusive para a farmacêutica. De acordo com um estudo realizado pela Associação da Industria Farmacêutica de Pesquisa (Interfarma), o Brasil vem ascendendo no *ranking* dos maiores mercados farmacêuticos do mundo. "Em 2012, estava na sétima posição; em 2017, na sexta; em 2022, deve alcançar a quinta posição" (FIA, 2020).

O ramo de fabricação da indústria farmacêutica está relacionado ao desenvolvimento e à produção de medicamentos e itens voltados para o tratamento e combate de doenças, por exemplo, a produção de antibióticos, de vitaminas e de vacinas e soros com base no uso de microrganismos.

6.1 Produção de vacinas

A área de produção e desenvolvimento de vacinas está diretamente relacionada com os avanços da biotecnologia moderna, tanto nas atividades de pesquisa e desenvolvimento como na organização de negócios. Quando se trata de pesquisa, a tecnologia do DNA (ácido desoxirribonucleico) recombinante e os novos métodos de bioprocessamento possibilitam a produção de novas vacinas e o aperfeiçoamento das que já existem.

No que diz respeito à classificação das vacinas:

> As vacinas virais podem ser classificadas como atenuadas, inativadas ou de subunidades. As vacinas atenuadas contêm agentes infecciosos vivos, mas enfraquecidos. Já as vacinas inativadas e de subunidades usam agentes mortos ou apenas partículas deles. Os componentes dessas vacinas são chamados de antígenos e têm como função reduzir ao máximo o risco de infecção ao estimular o sistema imune a produzir anticorpos, de forma semelhante ao que acontece quando somos expostos aos vírus, porém, sem causar doença. (Fiocruz, 2019)

Ao longo do século XIX, aproximadamente 80% das crianças morriam de alguma doença antes de completarem 10 anos de idade. A partir dos programas de vacinação sistemática, hoje elas já são imunizadas contra doenças como tuberculose, hepatite B, poliomielite, difteria, tétano, coqueluche, meningite, sarampo, rubéola, caxumba e infecções por rotavírus e pneumococos (Malajovich, 2016).

Alguns conhecimentos são necessários para produzir uma vacina, como entender o ciclo de vida do patógeno, sendo necessário encontrar o melhor estágio para servir de alvo, e os mecanismos imunológicos estimulados pelo patógeno. Segundo Malajovich (2012, p. 199):

> No primeiro contato com um antígeno estranho, o organismo reage com uma resposta imunológica primária de intensidade baixa e curta duração, acompanhada de alguns sintomas como febre, dor de cabeça, erupção cutânea. Essa primeira resposta está acompanhada da aquisição de uma memória imunológica que facilitará a eliminação do antígeno estranho. A resposta secundária envolve numerosas células e moléculas e se caracteriza por ser rápida, intensa e duradoura.

Figura 6.1 – Respostas primária e secundária do organismo em contato com um patógeno

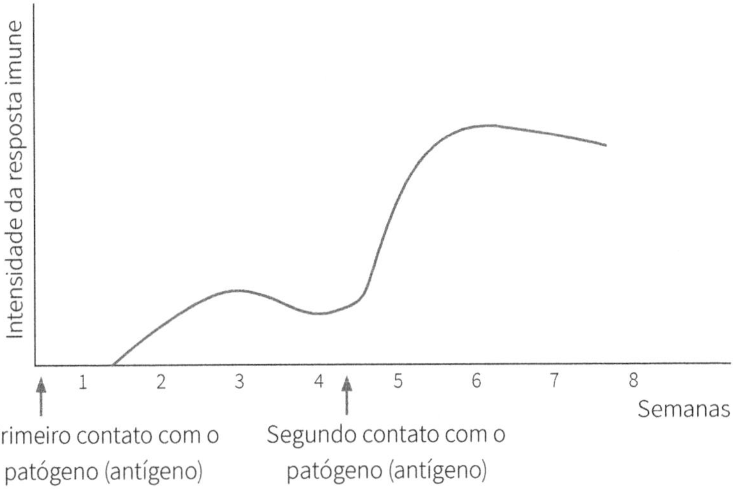

Fonte: Malajovich, 2012, p. 200.

Sobre a resposta imune do organismo, esta envolve duas ações: uma humoral (globulinas) e uma mediada por células, coordenadas por diversos componentes do sistema imunológico (Malajovich, 2012).

> Tanto a ação humoral como a ação mediada por células dependem da participação dos linfócitos auxiliadores Ta, também chamados Th (do inglês, T *helpers*), capazes de reconhecer o antígeno e produzir moléculas que estimulem a proliferação das células B e T.
> Uma vez finalizada a resposta primária, algumas células de memória (B, T) permanecerão no sistema. Deve-se à

memória imunológica a aceleração dos mecanismos de defesa em ocasião de um segundo contato com o antígeno. (Malajovich, 2012, p. 201)

Figura 6.2 – Memória imunológica

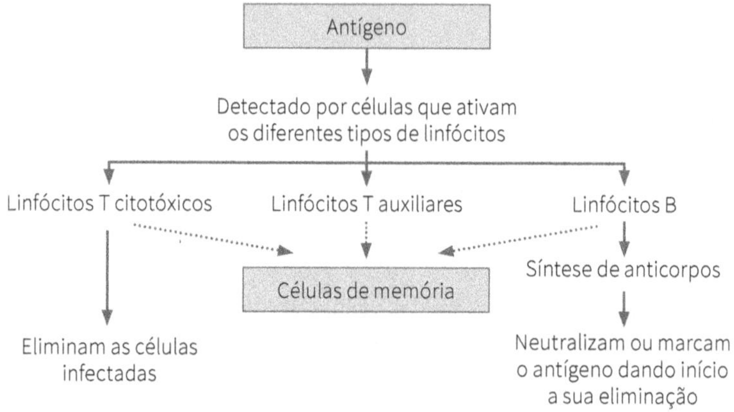

Fonte: Malajovich, 2012, p. 200.

Sendo assim, há duas linhas de defesa relacionadas entre si que conduzem à destruição das células infectadas, gerando uma resposta com capacidade duradoura, prevenindo a reinfecção pelos mesmos vírus com o passar do tempo. Essa imunidade duradoura está atrelada à formação das células de memória, que, quando estimuladas pelos antígenos, mesmo após muito tempo, são capazes de produzir globulinas específicas para esses antígenos. É possível, por exemplo, aplicar a gamaglobulina para controlar infeções virais específicas, como a globulina contra a raiva, aplicada em indivíduos que foram infectados pelo vírus recentemente, e a da hepatite viral, aplicada em recém-nascidos de mães que são portadoras do vírus da hepatite B, evitando, assim, que o bebê seja infectado (Schatzmayr, 2003).

Segundo Schatzmayr (2003, p. 658-659):

> No que diz respeito à rubéola, que produz um quadro benigno, muito raramente evoluindo com complicações importantes, o alvo primário da vacinação são as mulheres em idade fértil, de forma a induzir uma imunidade que previna a multiplicação dos vírus selvagens nos tecidos. [...]
>
> [...]
>
> No que diz respeito à influenza, a vacina é utilizada principalmente na chamada terceira idade, que inclui os grupos de maior risco de desenvolverem quadros clínicos mais graves de infecção pulmonar. Essa vacinação é oferecida em muitos países, inclusive o Brasil, e levou a uma significativa queda da mortalidade por doença respiratória aguda nos países em que se conseguiu analisar com precisão os dados de morbidade e mortalidade desse grupo etário.

Toscano e Kosim (2003) alertam que, depois de receberem as vacinas, as pessoas podem sentir algumas reações esperadas, como febre, cansaço, dor e vermelhidão local, pois a vacina estimula a produção dos anticorpos para a defesa do organismo. Tais reações geralmente são transitórias e não fazem mal, apesar do incômodo que podem causar.

6.1.1 Vacinas produzidas no Brasil

A primeira fase histórica dos laboratórios oficiais no Brasil vai até as primeiras décadas do século XX e é claramente marcada pela produção de medicamentos de uso tópico, vacinas e soros antipeçonhentos.

O Quadro 6.1 mostra um histórico do surgimento dos laboratórios farmacêuticos no Brasil.

Quadro 6.1 – Histórico dos laboratórios farmacêuticos no Brasil

Período	Histórico
1808	**Fundada a Botica Real Militar** Atual Laboratório Químico Farmacêutico do Exército.
Século XX (primeiras décadas)	Fase marcada pela **produção de medicamentos de uso tópico, vacinas e soros antipeçonhentos**. Algumas instituições criadas: Oswaldo Cruz, Emílio Ribas, Vital Brazil, Ezequiel Dias e Butantan.
1970	**Criação da Central de medicamentos (Ceme)** Laboratórios oficiais assumem papel estratégico para atender grande parte da demanda de medicamentos na rede pública de saúde de todo o país.
1990	**Assistência Farmacêutica** □ Constituição de 1988 – Lei Orgânica do SUS; □ Nova organização para a assistência à saúde; □ Início da produção de medicamentos para o programa nacional de DST/AIDS.
2008	**Política do Complexo Industrial da Saúde** □ Alta capacidade de produção instalada; □ Laboratórios oficiais ampliam a incorporação de tecnologias, aumentam o faturamento e investimentos fabris, adequando-se às normativas da Anvisa.

(continua)

(Quadro 6.1 – conclusão)

Período	Histórico
Hoje	**Laboratórios Oficiais** ☐ Ampliação da Capacidade de produção instalada; ☐ Linhas de produção certificadas em Boas Práticas de Fabricação (BPF); ☐ Absorção de tecnologia de medicamentos de origem sintética e biológica de alta complexidade; ☐ Possibilidade de diversificação na produção de medicamentos básicos, negligenciados e órfãos.

Fonte: Alfob, 2019, p. 10-11, grifo do original.

Entre os laboratórios oficiais brasileiros, cabe citar o Instituto de Tecnologia em Imunobiológicos (Biomanguinhos, Fiocruz/Rio de Janeiro), o Instituto Butantan (São Paulo), o Instituto Vital Brazil (IVB, Rio de Janeiro), o Instituto de Tecnologia do Paraná (Tecpar, Paraná), a Fundação Ezequiel Dias (Funed, Minas Gerais), a Fundação Ataulfo de Paiva (FAP, Rio de Janeiro) e o Instituto de Pesquisas Biológicas (IPB, Rio Grande do Sul).

Segundo consta no relatório da Associação dos Laboratórios Farmacêuticos Oficiais do Brasil (Alfob, 2019, p. 54):

> Atualmente, a ALFOB conta com 18 Laboratórios Farmacêuticos associados, e com representação formal junto ao Ministério da Saúde e ao grupo gestor do Complexo Industrial da Saúde. A maioria de seus associados está vinculada a governos estaduais, quatro são ligados a universidades e cinco a instituições federais (três pertencem às Forças Armadas: Marinha, Exército e Aeronáutica, e dois diretamente ao Ministério da Saúde).

Tais laboratórios estão situados nas regiões Nordeste, Centro-Oeste, Sudeste e Sul e compõem a Rede Brasileira de Produção Pública de Medicamentos (RBPPM). A capacidade instalada na RBPPM apresenta um potencial de 16,6 bilhões de unidades farmacêuticas/ano (Alfob, 2019).

Segundo Gadelha (1996, p. 120):

> Todos os laboratórios privados possuem um departamento organizado de pesquisa e desenvolvimento. As atividades dessa natureza são conduzidas por grupos multidisciplinares dedicados exclusivamente a elas, ainda que algumas atividades mais específicas de aperfeiçoamento de processos ou de escalonamento da produção sejam feitas por profissionais deste setor. Muitos laboratórios privados contratam e apoiam projetos de pesquisa básica desenvolvidos em universidades, desde que eles não percam de vista a produção.
>
> Por outro lado, o desenvolvimento de uma nova vacina é sumamente complexo, por envolver etapas e fases que exigem diferentes especializações. Algumas etapas são muito longas, sobretudo as de avaliação clínica, com fases I, II e III. Requerem equipes multidisciplinares e uma soma de recursos humanos, científicos, tecnológicos e econômicos que estão fora do alcance de um laboratório que atua de forma isolada.

Os ingredientes farmacêuticos ativos (IFA) para a produção da vacina DTP (vacina contra difteria, tétano e coqueluche) são fornecidos pelo Butantan e o IFA da vacina Hib (vacina contra *Haemophilus influenzae b*) é produzido por Biomanguinhos.

A vacina DTP-Hib é envasada, revisada, embalada e fornecida por Biomanguinhos. Segundo Freire (2013, grifo do original) a missão de Biomanguinhos é "Contribuir para a melhoria dos padrões de saúde pública brasileira, por meio de **inovação**, **desenvolvimento tecnológico** e **produção de imunobiológicos**, e prestação de serviços para atender **prioritariamente às demandas de saúde do país**".

Segundo Freire (2013), o Instituto Biomanguinhos produz as seguintes vacinas:

- Concentrado vacinal bacteriano – IFA
  - *Haemophilus influenzae b* (Hib);
  - pneumococos (vacina contra pneumonia).
- Concentrado vacinal viral – IFA
  - febre amarela;
  - sarampo;
  - caxumba;
  - rubéola;
  - rotavírus;
  - varicela.
- Processamento final
  - Hib;
  - DTP-Hib;
  - meningite AC;
  - pneumococos;
  - febre amarela;
  - tríplice viral (sarampo, caxumba e rubéola);
  - OPV (do inglês *oral polio vaccine*), vacina contra a poliomielite;
  - diluentes.

A figura a seguir mostra todas as etapas para a produção do IFA da febre amarela, no qual o substrato são ovos SPF embrionados e o princípio ativo é o vírus atenuado cepa 17DD.

Figura 6.3 – Produção de IFA de febre amarela

Incubação
↓
Ovoscopia
↓
Inoculação viral
↓
Ovoscopia
↓
Coleta
↓
Trituração
↓
Centrifugação e Estabilização
↓
Congelamento
↓
Suspensão viral (IFA)

Fonte: Freire, 2013.

As etapas vão desde a incubação do substrato (os ovos embrionados), seguida da incubação do vírus, da coleta do material de interesse (operação completa de remoção dos embriões da casca) e da trituração desse material, até a centrifugação e estabilização e o congelamento da suspensão viral. A **ovoscopia** é um método que consiste em colocar os ovos que estão incubados contra uma fonte de luz. Assim, sem quebrar ou danificar os ovos, é possível enxergar seu interior, verificando a presença dos embriões e outros detalhes.

A vacina da febre amarela, segundo Schatzmayr (2003, p. 658), é utilizada para "prevenir a doença nas áreas endêmicas e eventualmente em áreas não-endêmicas, quando se suspeita da presença de indivíduos que se infectaram em áreas endêmicas e que possam, através do vetor Aedes aegypti, gerar um surto urbano da doença".

Na Figura 6.4 estão demonstrados todos os estados do Brasil onde a vacinação contra a febre amarela é necessária (Toscano; Kosim, 2003).

Figura 6.4 – Estados que devem apresentar vacinação contra febre amarela

Pyty/Shutterstock

Fonte: Toscano; Kosim, 2003, p. 18.

No cenário atual, a busca pela vacina contra a Covid-19 passou a integrar o cotidiano de muitos pesquisadores. Afinal, os especialistas afirmam que apenas com um imunizante seguro e eficaz é possível vencer a pandemia, uma vez que se diminui o número de hospitalizações e de casos mais graves. Nesse momento, acompanhamos em tempo real o empenho de laboratórios farmacêuticos, universidades, centros de pesquisa e governos do mundo todo no desenvolvimento de uma vacina capaz de proteger contra o Sars-CoV-2, o coronavírus responsável pela crise sanitária global.

Segundo matéria publicada no portal da Fiocruz, "novos dados sobre a eficácia da vacina Covid-19 de Oxford do laboratório AstraZeneca, que a Fiocruz vai produzir no Brasil, reforçam a necessidade de se manter o protocolo de duas doses e o intervalo longo entre as doses, de três meses" (Rangel; Lang, 2021). Esses dados foram publicados em artigo submetido à revista científica *The Lancet*.

Ainda conforme Rangel e Lang (2021), os estudos apontam que a primeira dose da vacina apresenta uma eficácia de 76%, entre o intervalo de 22 a 90 dias após a vacinação. Depois desse período, tomada a seguda dose de reforço, a eficácia da vacina atinge um percentual de 82,4%. Com relação aos casos mais graves da doença, as autoras afirmam que a eficácia foi de 100%, visto que não houve internações hospitalares.

Para saber mais

O vídeo indicado a seguir mostra o posicionamento do infectologista Doutor Marco Aurélio Safádi, presidente do Departamento de Infectologia da Sociedade Brasileira de

Pediatria (SBP), a respeito da primeira vacina contra a Covid-19 no Brasil, fornecida pelo Instituto Butantan, a CoronaVac, que foi divulgada com um percentual de eficácia de 50,4%. No vídeo são esclarecidos alguns pontos sobre a segurança dessa vacina.

RÁDIO BANDNEWS FM. **Infectologista analisa eficácia da CoronaVac no Brasil**. 13 jan. 2021. Disponível em: <https://bit.ly/3esrSun>. Acesso em: 29 nov. 2021.

6.2 Classificação das vacinas

De forma geral, as vacinas são classificadas em ***vacinas vivas***, que contêm microrganismo vivo e atenuado em laboratório, e ***vacinas mortas***, que contêm microrganismos ou suas subunidades submetidas a agentes físicos ou químicos que os inativam, isto é, eliminam a capacidade de se multiplicarem no hospedeiro.

Na vacina **atenuada**, o vírus está **ativo**, mas não apresenta o risco de inocular a doença no indivíduo. "Vírus atenuados levam esta denominação pois passam por um processo no qual sua virulência é reduzida a níveis considerados seguros para a aplicação clínica (vacinação)" (Fiocruz, 2019). O método mais utilizado para se obter esse tipo de vírus favorece "infecções sequenciais de vírus patogênicos em culturas celulares in vitro, ou em ovos embrionados" (Fiocruz, 2019). O resultado desse processo são "cepas virais menos virulentas (atenuadas), as quais sofreram mutações genéticas pontuais que comprometem o funcionamento de fatores virais necessários à patogenicidade, sem, no entanto, gerar prejuízos à capacidade 'replicativa' do vírus" (Fiocruz, 2019). São exemplos desse tipo de vacina: caxumba, febre amarela, rubéola, sarampo, varicela.

Já na vacina **inativada**, como o próprio nome sugere, o vírus está **inativado** por agentes químicos ou físicos. Diferentemente das atenuadas, as vacinas inativadas não "imitam" a doença, apenas "enganam" o sistema imune, fazendo-o produzir anticorpos para combater aquele agente infeccioso morto. Esse tipo de vacina também não traz risco a gestantes ou pessoas imunodeprimidas. De modo geral, "são formuladas com adjuvantes (componentes que ajudam na estimulação do sistema) e tendem a ter esquemas vacinais multidoses, como as vacinas de poliomielite injetável (VIP) e de subunidades da hepatite B" (Fiocruz, 2019). São exemplos de vacinas inativadas: gripe, raiva, poliomielite injetável (VIP) e hepatite.

As vacinas vivas atenuadas têm a vantagem de estarem muito próximas do agente natural e de serem fáceis de produzir. Contudo, existe um pequeno risco de que o agente atenuado possa reverter para formas infecciosas perigosas. O processo de atenuação é aquele pelo qual a virulência (danos, patogenicidade) do microrganismo patogênico é reduzida a um nível "seguro" (avirulento), sem, no entanto, destruir sua capacidade de estimular uma resposta imune. As técnicas empregadas no processo de inativação do microrganismo incluem calor, substâncias químicas (como o formol) e irradiação. É preciso que apresente um bom equilíbrio entre a perda de virulência (desejada) e a perda de imunogenicidade (não desejada). São exemplos de vacinas vivas atenuadas as de sarampo, caxumba, rubéola, febre amarela, varicela e BCG (tuberculose); e de vacinas inativadas, DPT, hepatite A, hepatite B, raiva, pneumococo, meningococo, influenza, *Haemophilus* tipo-B, febre tifoide, cólera.

As vacinas também podem ser classificadas em conjugadas ou combinadas, conforme descrição a seguir:

- **Vacinas conjugadas**: são desenvolvidas para o combate a bactérias encapsuladas. Esse tipo de bactéria tem uma membrana protetora (cápsula) ao redor de sua estrutura celular. Essas cápsulas são feitas de polissacarídeos, o que confere uma maior resistência da bactéria contra o sistema de defesa imunológico humano. Na produção desse tipo de vacina, é necessário envolver a capsula protetora com uma proteína (polissacarídeo da cápsula bacteriana + proteína = complexo indutor de resposta imune T-dependente) para que os anticorpos consigam penetrar e destruir a bactéria, assim garantindo a saúde do indivíduo vacinado. Um exemplo de vacina conjugada é a Hemófilos do tipo-B, que atua contra as doenças epiglotite, meningite, septicemia e pneumonia (Ibap, 2021).
- **Vacinas combinadas**: protegem contra várias doenças com apenas uma dose ou aplicação. Essas vacinas substituem a aplicação das vacinas em separado, diminuindo os efeitos colaterais. Alguns exemplos de vacinas combinadas são:
  - DPT: difteria, coqueluche, tétano;
  - DT: difteria, tétano;
  - DPT-Hib: tetravalente;
  - DPT-Hib-HepB: pentavalente (rede pública);
  - SCR: tríplice viral;

- SCRV: tetraviral;
- HepA-HepB;
- DTPa-HepB-IPV-Hib: hexavalente;
- DTPa-IPV;
- DTPa-IPV-Hib: pentavalente (rede privada).

De acordo com Gomes (2003), uma vacina apresenta, em geral, quatro componentes:

1. **Antígeno**: é o componente mais importante, cujas características dependem do tipo de vacina, podendo ser o agente infeccioso inativado ou atenuado, as partes do agente, os toxóides bacterianos inativados, entre outros.
2. **Solvente**: pode conter somente água estéril, bem como pequenas quantidades dos constituintes biológicos para a produção das vacinas (proteínas, células de meios de cultura).
3. **Conservantes, antibióticos, estabilizadores**: são essenciais no combate a invasões bacterianas ou na garantia de estabilidade ao antígeno.
4. **Adjuvantes**: são substâncias adicionadas à vacina em sua formulação final, por exemplo, compostos à base de alumínio que aumentam o efeito da resposta imunológica do indivíduo vacinado.

As fases fundamentais do processo de criação das vacinas são as seguintes:

Fase 1

Uma vacina experimental é criada e testada com fragmentos do microrganismo ou agente infeccioso morto, inativado ou atenuado, em um pequeno número de pessoas e, em seguida, é feita a observação da reação do corpo após a administração da vacina e desenvolvimento de efeitos colaterais.

Essa primeira fase dura em média 2 anos e se houver resultados satisfatórios, a vacina passa para a 2ª fase.

Fase 2

A mesma vacina passa a ser testada em um número maior de pessoas, por exemplo 1000 pessoas, e além de observar como seu corpo reage e os efeitos colaterais que ocorrem, tenta-se descobrir se diferentes doses são eficazes, a fim de encontrar a dose adequada, que tenha menos efeitos nocivos, mas que seja capaz de proteger todos as pessoas, em todo mundo.

Fase 3

Supondo que a mesma vacina tenha encontrado sucesso até à fase 2, ela passa para a terceira fase que consiste em aplicar esta vacina num maior número de pessoas, por exemplo 5000, e observar se realmente ficam protegidas ou não. (Reis, 2021)

Algumas doenças preveníveis por vacina podem ser erradicadas por completo, não havendo mais incidência em nenhum local do mundo. A varíola foi considerada a primeira doença importante a ser erradicada pela humanidade. O último registro de varíola naturalmente adquirida é de outubro de 1977, na Somália. Atualmente, em tese, o vírus da doença só pode ser encontrado em alguns laboratórios.

Exercícios resolvidos

1. As vacinas objetivam proteger a população de doenças causadas por microrganismos (vírus e bactérias) e diminuir consideravelmente o risco de morte e de epidemias. A respeito da produção de vacinas, analise as afirmativas a seguir.

   I. As vacinas apresentam antígenos que estimulam a produção de anticorpos no organismo e a formação de células de memória, que o protege de futuras doenças quando entrar em contato com o mesmo antígeno.

   II. As vacinas hepatite A, hepatite B, raiva, pneumococo, sarampo e rubéola são exemplos de vacinas do tipo inativas, em que o microrganismo se encontra inativo ou morto.

   III. A fabricação das vacinas é realizada a partir de antígenos mortos (inativos) ou vivos atenuados, que são aplicados em um indivíduo saudável para que ele desenvolva uma resposta imunológica.

   IV. Antígeno pode ser definido como qualquer substância estranha capaz de estimular a produção de anticorpos, podendo ou não desencadear uma reação imunológica.

   V. As vacinas combinadas são feitas pela combinação de um polissacarídeo da cápsula de algumas bactérias com uma proteína.

   Assinale a alternativa que apresenta as afirmativas corretas:

   a) I, II e V.
   b) I, III e IV.
   c) I, IV e V.
   d) III, IV e V.

Gabarito: (b). A vacina tem, como componente principal, os antígenos, uma vez que são eles que produzem anticorpos no organismo humano, gerando uma resposta imunológica. As vacinas de sarampo e rubéola são exemplos de vacinas vivas atenuadas. Já o tipo de vacina em que o antígeno (microrganismo) tem uma capa protetora é a vacina conjugada, e não a combinada.

6.3 Produção de vitaminas

Antigamente, as vitaminas comerciais eram produzidas por meio da extração de alguns alimentos, mas, atualmente, são sintetizadas tanto pelo metabolismo de alguns microrganismos quanto pelo processo de fermentação.

As vitaminas são moléculas orgânicas, quimicamente não relacionados entre si, distribuídas nos reinos vegetal e animal, mas que não são produzidas em quantidade suficiente pelo organismo humano, sendo assim, necessitam ser ingeridas por meio de alimentos que as contenham ou suplementadas em pequenas doses. Quanto à solubilidade, podem ser classificadas em: **hidrossolúveis**, apresentam solubilidade em água; ou **lipossolúveis**, são solúveis em lipídios e outros solventes orgânicos, mas não solúveis em água. Atualmente, são 13 o número de vitaminas necessárias para manter a saúde e o bem-estar do corpo. Dentre elas, 9 são hidrossolúveis – as vitaminas do complexo B e a vitamina C – e 4 lipossolúveis – as vitaminas A, D, E e K.

Segundo Mansur (2009, p. 1):

> As vitaminas hidrossolúveis [...] constituem um grupo de compostos estruturalmente e funcionalmente independentes que compartilham uma característica comum de serem essenciais para a saúde e bem-estar.
>
> As vitaminas hidrossolúveis, de uma maneira geral, não são normalmente armazenadas em quantidades significativas no organismo, o que leva muitas vezes a necessidade de um suprimento diário dessas vitaminas.

Fazem parte do complexo B as vitaminas: B_1 (tiamina), B_2 (riboflavina), B_3 (niacina e a nicotinamida), B_5 (ácido pantotênico), B_6 (piridoxina, piridoxal e piridoxamina), B_{12} (cobalamina), ácido fólico e biotina.

A vitamina cianocobalamina (vitamina B_{12}) é um "sólido cristalino de cor vermelha, inodoro e insípido, solúvel em água" (Rocha, 2019), sintetizada somente por microrganismos e ausente em vegetais. Industrialmente, é produzida a partir dos microrganismos *Propionobacterium freundereichii, P. shermanii e Pseudomonas denitrificans*, capazes de gerá-la durante a fermentação. O processo fermentativo ocorre apenas em aerobiose intensa, ou seja, processo de respiração celular em que é obrigatória a presença de oxigênio, sendo necessário adicionar sal de cobalto e DBI (5,6-dimetilbenzimidazol), essenciais para a biossíntese (Rocha, 2019).

A deficiência dessa vitamina pode provocar, principalmente, sintomas hematopoiético e neurológico. Os efeitos dessa deficiência são mais acentuados em células que se dividem rapidamente, como o tecido eritropoiético da medula óssea e as células da mucosa intestinal.

A substância ativa presente na vitamina C é o ácido ascórbico. Segundo Mansur (2009), sua principal função

> é como agente redutor em diversas reações diferentes. A vitamina C tem um papel muito bem documentado como coenzima nas reações de hidroxilação, como por exemplo, na hidroxilação dos resíduos prolil-elisil do colágeno. A vitamina C é, dessa forma, necessária para a manutenção normal do tecido conectivo, assim como para recompor tecidos danificados. A vitamina C também facilita a absorção do ferro da dieta no intestino

Ademais, a vitamina C é muito importante para o metabolismo das células imunes, devendo-se aumentar seu consumo em quadros de infecções.

O ácido fólico interage com a vitamina B_{12} de forma indispensável para a proliferação dos glóbulos sanguíneos. A falta de ácido fólico causa uma anemia macrocítica idêntica à causada pela da falta de B_{12}. Há perda de apetite, o que faz piorar as condições nutricionais, por hipótese, já carente. Pode haver, ainda, complicações neurológicas como a mielose funicular (causadora da regressão de certas áreas da medula espinhal).

> o ácido fólico é importante também para manter a saúde do cérebro, das artérias e do sistema imunológico, prevenindo doenças como infarto, câncer e demência. Essa vitamina pode ser encontrada em diversos alimentos como espinafre, feijão e levedura de cerveja, no entanto também pode ser obtida em forma de suplemento [...].

> A quantidade de ingestão diária recomendada do ácido fólico varia de acordo com a idade [...] Além disso, a deficiência do ácido fólico também pode causar problemas de saúde durante a gravidez, como pressão alta durante a gestação e baixo peso do bebê ao nascer. (Zanin, 2021)

O Quadro 6.2 elenca cada uma das vitaminas hidrossolúveis, sua forma ativa e os alimentos que são ricos em cada uma delas.

Quadro 6.2 – Vitaminas hidrossolúveis

Vitamina	Lista de vitâmeros	Fontes alimentares
Vitamina B_1	Tiamina	Carne de porco, aveia, arroz integral, vegetais, batatas, fígado, ovos
Vitamina B_2	Riboflavina	Laticínios, bananas, feijão verde, espargos
Vitamina B_3	Niacina, nicotinamida	Carne, peixe, ovos, diversos vegetais, cogumelos e frutos secos
Vitamina B_5	Ácido pantotênico	carnes, brócolis, abacates
Vitamina B_6	Piridoxina, piridoxamina, piridoxal	Carne, vegetais, frutos secos, banana
Vitamina B_7	Biotina	Gema de ovo crua, fígado, amendoins, hortícolas folhosa
Vitamina B_9	Ácido fólico, ácido folínico	Hortícolas folhosas, massa, pão, cereais, fígado
Vitamina B_{12}	Cianocobalamina, hidroxocobalamina, metilcobalamina	carne e outros produtos animais
Vitamina C	Ácido ascórbico	Diversas frutas e vegetais, fígado

Fonte: Lima, 2021.

Já as vitaminas lipossolúveis são compostos constituídos de isopreno. Elas desempenham papéis essenciais no metabolismo ou na fisiologia dos animais. Como são solúveis em gordura, caracterizam-se por se acumularem no fígado e na gordura do corpo (tecido adiposo). Diante da participação das vitaminas lipossolúveis no metabolismo ósseo, no sistema de coagulação sanguínea, na prevenção e no tratamento de doenças não transmissíveis, seu consumo tem sido estimulado cada vez mais.

O Quadro 6.3 apresenta quais são as vitaminas lipossolúveis, sua forma ativa e os alimentos ricos em cada uma delas.

Quadro 6.3 – Vitaminas lipossolúveis

Vitamina	Lista de vitâmeros	Fontes alimentares
Vitamina A	Retinol, retinal e quatro carotenoides incluindo o betacaroteno	Fígado, ovo, queijo, manteiga, bacalhau, laranja, frutos amarelos, hortícolas folhosas, cenouras, abóboras, espinafres, leite e leite de soja
Vitamina D	Colecalciferol (D_3), ergocalciferol (D_2)	Peixe, ovos, fígado, cogumelos
Vitamina E	Tocoferois, Tocotrienois	Diversas frutas e vegetais, nozes e sementes
Vitamina K	Filoquinona, menaquinonas	Hortícolas como o espinafre, gema de ovo, fígado

Fonte: Lima, 2021.

As vitaminas lipossolúveis têm as seguintes atuações no organismo:

> A vitamina D tem como função básica regular o metabolismo de cálcio/fósforo, que é essencial para garantir a saúde dos ossos, induzindo à absorção intestinal desses íons, atuando também sobre as células ósseas. Esse hormônio tem um papel fundamental na regulação do sistema imunológico, o que pode tornar os indivíduos com carência em vitamina D mais propensos a desenvolver infecções (Moreira et al., 2015, p. 32).

A vitamina D é considerada um micronutriente essencial apenas em condições de baixa exposição à luz solar, já que "pode ser obtida pela síntese cutânea na presença de luz ultravioleta, quando o composto 7-deidrocolesterol passa a colecalciferol (D_3)" (Mourão et al., 2005, p. 534).

> Já a vitamina E tem como função prevenir a formação dos radicais livres e originam a primeira linha de defesa contra a peroxidação lipídica. Assim como está correlacionada à prevenção de doenças crônicas não transmissíveis.
> A vitamina K é responsável pela biossíntese dos fatores de coagulação e é indispensável no processo de carboxilação. Quando há prejuízo nessa reação, as proteínas geradas são desprovidas de atividade biológica. A vitamina K interfere, ainda, na formação de proteínas presentes nos rins, no plasma e outros tecidos. (Moreira et al., 2015, p. 32)

Mourão et al. (2005, p. 535) destacam que a "eficiência de absorção da vitamina E parece ser maior quando solubilizada em micelas contendo triglicerídios com ácidos graxos de cadeia média, quando comparada aos de cadeia longa". Moreira et al. (2015, p. 32) explicam que a "vitamina A atua na retina, no tecido e impede o crescimento de células malignas. Estudos apontam que os carotenóides desempenham papel protetor fundamental contra doenças cardiovasculares e alguns tipos de câncer. Essa proteção é devida a ação antioxidante que a vitamina A possui".

A produção de betacaroteno (principal precursor da vitamina A), demonstra, por meio de processos fermentativos, bom rendimento quando se utilizam "ambas as formas sexuadas de cepas de *Blakeslea trispora*, em que a forma sexual (–) é utilizada em maior proporção do que a (+) para aumentar o rendimento" (Rocha, 2019).

> A eficiência da absorção da vitamina A continua alta, mesmo quando a quantidade de vitamina ingerida está acima das necessidades fisiológicas. Já a presença da vitamina E, ingerida conjuntamente com a vitamina A, aumenta a absorção dessa última, devido a seu efeito antioxidante protetor nos lipídios carreadores da vitamina A pode ser uma das explicações desse fenômeno. (Mourão et al., 2005, p. 532)

Exercícios resolvidos

2. As vitaminas desempenham uma grande variedade de funções específicas no organismo humano, por exemplo, algumas são cofatores em atividades enzimáticas, outras são antioxidantes, ou seja, ajudam a proteger o corpo dos danos adjuvantes da presença do oxigênio. Com base nessas informações, assinale a alternativa **incorreta** a respeito dos tipos de vitaminas existentes e consideradas indispensáveis para a manutenção da saúde humana:

a) O corpo humano é capaz de ativar a síntese de colecalciferol, principal vitâmero da vitamina D no organismo, por meio da exposição da pele à luz do Sol.
b) Uma das funções da vitamina C é a síntese de colagênio no organismo, favorecendo a absorção de ferro, além de ser uma substância antioxidante.
c) Uma das funções da vitamina B_{12} está relacionada com a produção de glóbulos vermelhos. Sua ausência no organismo pode provocar anemia, sendo também uma função compartilhada pela vitamina B_9 (ácido fólico).
d) As vitaminas A e C necessitam ser ingeridas diariamente, comparadas a outras que não apresentam essa mesma necessidade, já que ficam armazenadas no tecido adiposo.

Gabarito: (d). As vitaminas hidrossolúveis, pertencentes ao complexo B e a vitamina C, precisam ser ingeridas diariamente, pois são armazenadas em pequenas quantidades no organismo humano. As vitaminas lipossolúveis, por sua vez, não precisam ser ingeridas todos os dias, a exemplo da vitamina A.

6.4 Produção de medicamentos

A produção de medicamentos pela indústria farmacêutica depende da produção dos fármacos que contenham o princípio ativo, ou seja, a substância que gerará o efeito terapêutico no organismo humano.

Essas substâncias podem ser recebidas da indústria de fármacos nacional ou internacional, por meio de importação, porém, a maior parte dos fármacos utilizados no Brasil são provenientes de países como a Alemanha, a China e os Estados Unidos (FIA, 2020).

Segundo a Fundação Instituto de Administração (FIA, 2020), para a produção de uma nova droga, chegam a ser analisados mais de 10 mil itens e, ao final de aproximadamente um ano, são selecionados em média 250 itens, que seguem para as etapas dos testes pré-clínicos. Por cerca de 5 anos, esses compostos são testados em animais e, caso alcancem um bom resultado, encaminhados ao Conselho de Ética. Se aprovados, são direcionados para as etapas de testes clínicos, sendo analisados de forma minuciosa por grupos de voluntários, por um período de 6 a 7 anos, obedecendo às seguintes fases:

- Fase I: 20 a 100 pessoas participam dos testes;
- Fase II: o número sobre para 100 a 500 pessoas;
- Fase III: requer a participação de 1.000 a 5.000 voluntários.

Após a fase III, o medicamento é enviado para a Agência Nacional de Vigilância Sanitária (Anvisa) a fim de ser aprovado e registrado, em um intervalo de tempo que pode chegar a 6 meses. Quando isso acontece, o medicamento está autorizado para ser produzido em escala (FIA, 2020).

6.5 Antibióticos

Os antibióticos são compostos do metabolismo secundário de microrganismos, sendo geralmente produzidos durante a fase tardia de crescimento de bactérias, fungos e actinomicetos. A maioria dos microrganismos que produzem antibióticos por meio de seus metabolismos é encontrada no solo. Esse tipo de medicamento serve para controlar doenças infecciosas causadas por bactérias, pois atua na inibição do crescimento de microrganismos no organismo, mesmo em concentrações baixas.

Os antibióticos são resultantes de processos fermentativos de alguns microrganismos, como o *Penicillium spp* (fungo), empregado na fabricação da penicilina, e o *Streptomyces spp* (actinomicetos).

O gênero *Streptomyces* é responsável pela produção de cerca de 80% dos antibióticos utilizados atualmente, por englobar microrganismos capazes de gerar diversos metabólitos secundários. Entre os antibióticos produzidos a partir desse gênero estão: aranciamicina, caboxamicina, platensimicina, antimicinas pentalenolactona, pirrolomicina, chinicomicinas, manopeptimicinas e lemonomicina.

Bactérias dos gêneros *Bacillus* e *Pseudomonas* são também estudadas como produtoras de potentes antibióticos, como o *Bacillus colistinus*, produtor da colistina.

Segundo Lima, Basso e Amorim (2001), os antibióticos podem ser classificados de acordo com sua estrutura química em nove tipos:

- **Tipo 1**: apresentam carboidratos em sua estrutura.
- **Tipo 2**: têm lactonas macrocíclicas em sua estrutura.
- **Tipo 3**: possuem, em sua estrutura, moléculas de quinonas.
- **Tipo 4**: apresentam aminoácidos e peptídios em sua estrutura.
- **Tipo 5**: são antibióticos heterocíclicos que contêm nitrogênio em sua estrutura.
- **Tipo 6**: são antibióticos heterocíclicos que contêm oxigênio em sua estrutura.
- **Tipo 7**: possuem, em sua estrutura química, derivados acíclicos.
- **Tipo 8**: têm estrutura aromática.
- **Tipo 9**: têm estrutura alifática.

O uso de um antibiótico tem como principal função atacar diretamente o agente patogênico causador da doença sem provocar danos colaterais ao hospedeiro (paciente). Contudo, também pode ser agressivo e causar efeitos colaterais, por isso seu uso é restrito e necessita de prescrição médica.

Exercícios resolvidos

3. Sobre o processo de produção de medicamentos, quanto às características, à classificação e aos principais gêneros de microrganismos produtores, aqueles que secretam, em particular, os antibióticos, analise as afirmativas a seguir.
   I. Os antibióticos são medicamentos que devem ser utilizados no tratamento de infecções causadas por fungos ou bactérias.

II. A penicilina é um antibiótico que serve para tratar diversas infecções causadas por bactérias. É produzida por meio do microrganismo do gênero *Penicillium*.
III. Sobre os microrganismos produtores de antibióticos, o gênero *Streptomyces* é considerado o mais importante, por apresentar um vasto número de espécies que produzem compostos bioativos de importância industrial.

Assinale a alternativa que apresenta as afirmativas corretas:

a) I, II e III.
b) I e II.
c) I e III.
d) II e III.

Gabarito: (d). Os antibióticos são medicamentos que servem apenas para o tratamento e o combate de infecções originadas por bactérias. Sua produção pode ocorrer por meio da fermentação de microrganismos, como fungos, bactérias e actinomicetos. O gênero *Streptomyces* é um dos mais importantes haja vista a diversidade de antibióticos que produz, que são compostos bioativos, ou seja, um composto que tem efeito sobre um organismo vivo, um tecido ou uma célula, nesse caso, sobre as bactérias.

Síntese

Neste capítulo, chegamos às seguintes conclusões:

- As formulações que contêm microrganismos vivos atenuados, mortos ou substâncias obtidas a partir destes, utilizadas para evitar doenças imunopreveníveis, são denominadas *vacinas*.
- A produção de uma vacina demanda entender o ciclo de vida do patógeno, sendo preciso encontrar o melhor estágio para servir de alvo, além de compreender os mecanismos imunológicos estimulados pelo patógeno.
- Sobre a resposta imune do organismo, envolve duas ações: uma ação humoral (globulinas) e uma ação mediada por células, ordenadas por diversos componentes do sistema imunológico.
- O Biomanguinhos e o Instituto Butantan são uns dos principais laboratórios farmacêuticos oficiais do Brasil.
- As vacinas são classificadas, de forma geral, em *vacinas vivas*, que contêm microrganismo vivo e atenuado, e *vacinas mortas*, com microrganismo ou subunidades submetidas a agentes físicos ou químicos que os inativam. Podem ser classificadas, ainda, em *conjugadas* ou *combinadas*.
- Uma vacina apresenta, via de regra, quatro componentes: (1) antígeno, (2) solvente, (3) conservantes, antibióticos e estabilizadores e (4) adjuvantes.
- As vitaminas são moléculas orgânicas, quimicamente não relacionadas entre si e distribuídas nos reinos vegetal e animal, mas, como não são produzidas em quantidade suficiente

pelo organismo humano, faz-se necessária sua ingestão por alimentos que as contenham ou suplementação em pequenas doses.

- As vitaminas hidrossolúveis têm solubilidade em água; e as lipossolúveis são solúveis em lipídios e outros solventes orgânicos. As hidrossolúveis correspondem às oito vitaminas do complexo B e à vitamina C; já as lipossolúveis são as vitaminas A, D, E e K.
- O ácido fólico (vitamina B_9) interage com a vitamina B_{12} de forma indispensável para a proliferação dos glóbulos sanguíneos. A falta de ácido fólico causa uma anemia macrocítica idêntica à causada pela da falta de B_{12}.
- Os antibióticos são compostos do metabolismo secundário de microrganismos, sendo geralmente produzidos durante a fase tardia de crescimento de bactérias, fungos e actinomicetos, por meio de processos fermentativos.

Estudo de caso

Texto introdutório

O presente estudo de caso aborda um problema real de produção experimental de enzimas celulolíticas a partir da fermentação sólida ou semissólida de um resíduo lignocelulósico com o uso do microrganismo *Trichoderma reesei.*

Texto do caso

A aluna Rute, concluinte do curso de licenciatura em Química, decidiu realizar seu trabalho de conclusão na área de produção de enzimas celulolíticas a partir de um resíduo agroindustrial, o bagaço da cana-de-açúcar, adquirido diretamente em uma usina localizada em sua cidade. Como microrganismo metabolizador dessas enzimas, ela escolheu o *Trichoderma reesei*, por ser muito empregado para a produção desse tipo de enzima.

Seu trabalho foi iniciado com o preparo da matéria-prima, a cana-de-açúcar, realizando as etapas de lavagem, secagem em estufa, moagem e armazenamento. Rute decidiu executar a fermentação semissólida com um percentual de umidade de 60%, sendo que, depois de preparada a cana-de-açúcar, determinou sua umidade, e o valor foi de 8%. Para que ela pudesse fazer esse ajuste de umidade do meio de cultura, tinha de calcular o volume necessário de água a ser adicionada (equação 1):

Equação 1

$$V = \frac{M_u (U_2 - U_1)}{(1 - U_2)}$$

Onde:

V = volume de água a ser adicionada ao meio (mL);

M_u = massa do meio a ser umidificado;

U_1 = umidade natural do meio;

U_2 = umidade do meio desejada.

Sabendo que os ensaios de fermentações semissólidas seriam realizados em Erlenmeyer de 250 mL (biorreator em escala de laboratório) contendo 15 g de substrato previamente umidificado e uma concentração de inóculo (microrganismo) de 10^7 esporos · g^{-1} de meio, determine a quantidade de água que Rute deve adicionar para umidificar o meio de cultura até que atinja 60% e o volume da suspensão de esporos que contenha 10^7 esporos · g^{-1} de meio (equação 2).

Equação 2

$$V_{Suspensão} = \frac{C_{Inóculo} M}{C_{Esporos}}$$

Onde:

$V_{Suspensão}$ = volume da suspensão que será inoculado nos ensaios de fermentação;

$C_{Inóculo}$ = concentração de inóculo desejada para a fermentação (107);

M = Massa (g) de substrato utilizada na fermentação semissólida;

$C_{esporos}$ = concentração de esporos na suspensão.

A concentração de esporos na suspensão por mL deve ser obtida por meio da equação 3:

Equação 3

$$C_{esporos} = 25\ \bar{E}\ F_D\ 10^4$$

Onde:

$C_{esporos}$ = concentração de esporos na suspensão;

$\bar{E}$ = média de esporos contados nos 5 quadrantes na câmara de Neubauer (Figura A);

F_D = fator de diluição para contagem na câmara de Neubauer (considerar um fator de 1:50).

Figura A – Regiões de contagem m câmara de Neubauer

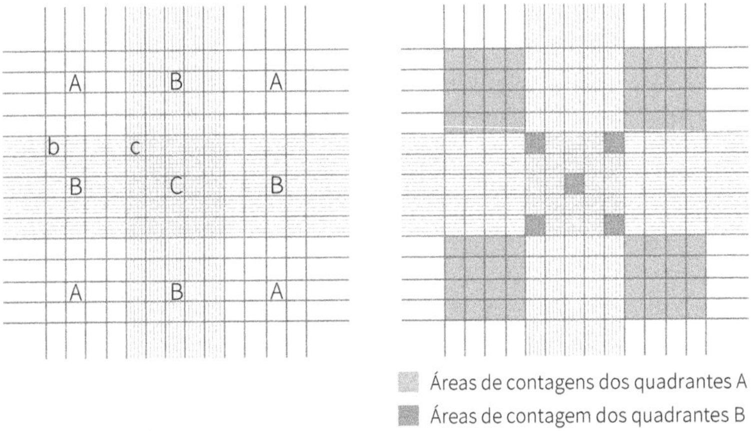

Fonte: Baptista, 2021, p. 11.

Resolução

Para se determinar o volume que deverá ser adicionado aos 15 g de bagaço de cana-de-açúcar (o substrato do meio fermentativo em todos os ensaios – biorreatores), deve-se aplicar os dados de umidade inicial (natural) e umidade desejada do meio citados na equação 1, obtendo-se, assim, o seguinte volume:

$$V - \frac{15\,(0{,}6 - 0{,}08)}{(1 - 0{,}08)} = \frac{15\,(0{,}52)}{(0{,}092)} = \frac{7{,}8}{(0{,}092)} = 8{,}478 \text{ mL}$$

Esse valor pode ser expresso em mL, considerando-se que a densidade da água é 1 g/mL.

Para se calcular o volume da suspensão de esporos com uma concentração desejada de 10^7, inicialmente, deve-se calcular a real da suspensão dada pela equação 3.

O fator de diluição de 1:50 é necessário para a redução da quantidade de esporos por mL e a contagem na câmara de Neubauer. Supondo-se que, quando feita a contagem do número de esporos em cada um dos 5 quadrantes, fossem obtidos os valores 37, 39, 40, 38 e 36, a média deles seria 38.

$$\bar{E} = \frac{37 + 39 + 40 + 38 + 36}{5} = 38$$

Substituídos todos os valores na equação 3, a concentração de esporos na suspensão é:

$$C_{Esporos} = 25\,.\,38\,.\,50\,.\,10^4 = 475.000.000 = \text{esporos} \cdot \text{mL}^{-1}$$

Agora, pode-se calcular, pela equação 2, o volume dessa suspensão que deve ser adicionado ao meio de fermentação, contendo uma concentração de 10^7 esporos · g^{-1} de meio:

$$V_{Suspensão} = \frac{10^7\,.\,15}{475.000.000} = 0{,}315 \text{ mL}$$

Logo, em cada biorreator, que representa um ensaio da fermentação, é preciso colocar 15 g de bagaço de cana-de-açúcar com a umidade ajustada para 60% pela adição de aproximadamente 8,5 mL e um volume da suspensão que contém o microrganismo de 0,315 mL em cada ensaio.

Dica 1

Larissa Cardillo Afonso (2012) realizou uma pesquisa científica com a produção de celulases a partir da fermentação em estado sólido pelo fungo termofílico *Myceliophthora sp*, em meios compostos por bagaço de cana-de-açúcar suplementado com farelo de trigo ou farelo de soja, empregando essas enzimas na hidrólise do próprio material lignocelulósico utilizado para sua produção.

AFONSO, L. C. **Produção de celulases por cultivo em estado sólido e aplicação na hidrólise de bagaço de cana-de-açucar**. Dissertação (Mestrado em Engenharia) – Universidade de São Paulo, São Paulo, 2012. Disponível em: <https://teses.usp.br/teses/disponiveis/3/3137/tde-20122012-172140/publico/Dissertacao_LARISSAAFONSO.pdf>. Acesso em: 29 nov. 2021.

Dica 2

Em artigo intitulado "Produção, propriedades e aplicações de celulases na hidrólise de resíduos agroindustriais", Aline Machado de Castro e Nei Pereira Jr. explicitam a seguinte abordagem: as celulases, além de serem obtidas através do metabolismo de microrganismos, como é o caso do *Trichoderma reesei*, quando presentes no meio, também hidrolisam a celulose presente no bagaço da cana-de-açúcar em glicose, e o mesmo microrganismo consome essa glicose e gera etanol de segunda geração.

CASTRO, A. M. de; PEREIRA JR., N. Produção, propriedades e aplicações de celulases na hidrólise de resíduos agroindustriais. **Química Nova**, v. 33, n. 1, p. 181-188, 2010. Disponível em: <https://www.scielo.br/scielo.php?script=sci_arttext&pid=S0100-40422010000100031>. Acesso em: 29 nov 2021.

Dica 3

O vídeo indicado a seguir explica detalhadamente o uso da câmara de Neubauer para a contagem de células por mL, seguindo o mesmo procedimento realizado neste estudo de caso. A contagem de células é dada por mL visto que, para ser feita, é colocado 1 mL da suspensão na câmara.

CANAL DO RESIDENTE BIOMÉDICO. **Como utilizar a câmara de Neubauer para contar hemácias e leucócitos por mL**. 28 ago. 2017. Disponível em: <https://www.youtube.com/watch?v=Xth6q4LYwQ0>. Acesso em: 29 nov. 2021.

Considerações finais

A biotecnologia foi aqui abordada como o uso de agentes biológicos, organismos vivos ou seus componentes para a obtenção de produtos ou processos de interesse econômico, social e ambiental. A biotecnologia intersecciona três grandes campos de estudo: biologia, química e engenharia.

As considerações introdutórias deste livro expuseram conceitos e etapas que envolvem o bioprocesso. Na busca por transpor os desafios lançados por um assunto tão vasto, optamos por referenciar uma parcela significativa da literatura especializada e dos estudos científicos a respeito dos temas explorados. Além disso, apresentamos estudos de caso a fim de enriquecer o processo de construção de conhecimentos e oferecer aportes práticos com relação aos bioprocessos.

Inicialmente, vimos os tipos de biorreatores e os microrganismos de interesse em bioprocessos, para tanto, examinamos as etapas necessárias a essa atividade. Na sequência, focalizamos os processos fermentativos e as fermentações descontínua, descontínua alimentada, semicontínua, contínua e em meio sólido. Ainda, tratamos do setor sucroalcooleiro, da cana-de-açúcar, do etanol, da fermentação alcoólica e do processo de produção de etanol.

Nessa altura, já tendo percorrido mais de 50% de nosso estudo, vimos sobre a produção de enzimas em aplicações industriais, divisando sua forma de ação em substratos específicos, elencando, também, as principais aplicações de cada enzima na indústria. Após, abordamos os dois tipos de fermentação: láctea e alcoólica, bem como a produção de iogurtes, queijos e pães. Por fim, relacionamos o bioprocesso com a indústria farmacêutica.

Logo, com base em toda a discussão efetuada, é possível perceber o valor dos bioprocessos na vida do indivíduo e em sociedade.

Referências

ABNT – Associação Brasileira de Normas Técnicas. **Guia de implementação pão tipo francês**: diretrizes para avaliação da qualidade e classificação. Rio de Janeiro: ABNT; Sebrae, 2015. Disponível em: <https://www.sebrae.com.br/Sebrae/Portal%20Sebrae/UFs/RN/Anexos/guia_de_implantacao_abnt_nbr_16170_pao_frances_1444254820.pdf>. Acesso em: 26 nov. 2021.

ABREU, J. A. S. de; ROVIDA, A. F. da S.; PAMPHILE, J. A. Fungos de interesse: aplicações biotecnológicas. **Uningá**, v. 21, n. 1, p. 55-59, jan./mar. 2015. Disponível em: <http://revista.uninga.br/index.php/uningareviews/article/view/1613>. Acesso em: 23 nov. 2021.

AKCAPINAR, G. B.; GUL, O.; SEZERMAN, U. O. From in Silico to in Vitro: Modelling and Production of *Trichoderma Reesei* Endoglucanase 1 and Its Mutant in *Pichia Pastoris*. **Journal of Biotechnology**, v. 159, n. 1-2, p. 61-68, May 2012.

ALFOB – Associação dos Laboratórios Farmacêuticos Oficiais do Brasil. **Laboratórios farmacêuticos oficiais do Brasil**. Alfob/CFF, 2019. Disponível em: <https://bit.ly/30vj2UD>. Acesso em: 29 nov. 2021.

ALISSON, E. Etanol brasileiro pode substituir 13,7% do petróleo consumido no mundo. **Agência Fapesp**, 26 out. 2017. Disponível em: <https://agencia.fapesp.br/etanol-brasileiro-pode-substituir-137-do-petroleo-consumido-no-mundo/26505>. Acesso em: 23 nov. 2021.

ALMEIDA, C. P. de. et al. **Dossiê técnico**: biotecnologia na produção de alimentos. São Paulo: BRT, 2011. Disponível em: <http://www.respostatecnica.org.br/dossie-tecnico/downloadsDT/NTY3Ng==>. Acesso em: 25 nov. 2021.

ANIDRO ou hidratado: diferenças. **Novacana**. Disponível em: <https://bit.ly/3v71XOO>. Acesso em: 23 nov. 2021.

AQUINO, V. C. de. **Estudo da estrutura de massas de pães elaboradas a partir de diferentes processos fermentativos**. 87 f. Dissertação (Mestrado em Ciências Farmacêuticas) – Universidade de São Paulo, São Paulo, 2012. Disponível em: <https://teses.usp.br/teses/disponiveis/9/9133/tde-10092012-142302/publico/Mestrado_Vanessa_Cukier_de_Aquino.pdf>. Acesso em: 26 nov. 2021.

BAPTISTA, A. S. **Lan 697 – Controle analítico das usinas e destilarias**: análises microbiológicas – viabilidade e brotamento de leveduras. Universidade de São Paulo. Notas de aulas. Disponível em: <https://edisciplinas.usp.br/pluginfile.php/4452987/mod_resource/content/1/Viabilidade%20celular.pdf>. Acesso em: 29 nov. 2021.

BARRETO, T. V.; COELHO, A. C. Destilação. In: SANTOS, F.; BORÉM, A.; CALDAS, C. (Ed.). **Cana-de-açúcar**: bioenergia, açúcar e etanol – tecnologias e perspectivas. 2. ed. rev. e ampl. Viçosa: UFV, 2012. p. 489-513.

BEHERA, S. S.; RAY, R. C. Solid State Fermentation for Production of Microbial Cellulases: Recent Advances and Improvement Strategies. **International Journal of Biological Macromolecules**, v. 86, p. 656-669, May 2016.

BON, E. P. S.; FERRARA, M. A.; CORVO, M. L. **Enzimas em biotecnologia**: produção, aplicações e mercado. Rio de Janeiro: Interciência, 2008.

BON, E. P. S.; GÍRIO, F.; PEREIRA JR., N. Enzimas na produção de etanol. In: BON, E. P. S.; FERRARA, M. A.; CORVO, M. L. **Enzimas em biotecnologia**: produção, aplicações e mercado. Rio de Janeiro: Interciência, 2008. p. 241-271.

BONILHA, R. B. **Importância dos bioprocessos e aplicações industriais dos processos fermentativos**. 17 set. 2016. Disponível em: <https://silo.tips/download/importancia-dos-bioprocessos-e-aplicaoes-industriais-dos-processos-fermentativos>. Acesso em: 23 nov. 2021.

BORBA, E. S. de. et al. **Avaliação da atividade enzimática em diferentes marcas de detergentes comerciais**. Projeto de Iniciação Científica Integrada – Instituto Federal Catarinense, Araquari, 2017. Disponível em: <https://quimica.araquari.ifc.edu.br/wp-content/uploads/sites/20/2018/12/TRABALHO-FINAL-AVALIA%C3%87%C3%83O-DA-ATIVIDADE-ENZIM%C3%81TICA-EM-DIFERENTES-MARCAS-DE-DETERGENTES-COMERCIAIS.pdf>. Acesso em: 25 nov. 2021.

BORZANI, W. Engenharia bioquímica: uma aplicação *sui generis* da engenharia química. In: SCHMIDELL, W. et al. (Coord.). **Biotecnologia industrial**: engenharia bioquímica. São Paulo: Edgard Blucher, 2001. v. 2. p. 1-5.

BRANCO, R. F. et al. Produção biotecnológica de xilitol a partir de hidrolisado hemicelulósico de bagaço de cana-de-acúcar em biorreator de coluna de bolhas. In: CONGRESSO BRASILEIRO DE ENGENHARIA QUÍMICA EM INICIAÇÃO CIENTÍFICA, 6., 2005, São Paulo. **Anais...** São Paulo, 2005.

BRASIL. Ministério da Agricultura, Pecuária e Abastecimento. Portaria n. 143, de 20 de abril de 2020. **Diário Oficial da União**, Brasília, DF, 22 abr. 2020. Disponível em: <https://www.in.gov.br/web/dou/-/portaria-n-143-de-20-de-abril-de-2020-253341842>. Acesso em: 24 nov. 2021.

BRASIL alcança a maior produção de etanol da história. **Gov.br**, 24 abr. 2020. Disponível em: <https://bit.ly/30nkSqy>. Acesso em: 23 nov. 2021.

CARVALHO, F. P. **Enzimas celulolíticas e xilanolíticas de leveduras isoladas do cerrado mineiro**. Tese (Doutorado em Microbiologia Agrícola) – Universidade Federal de Lavras, Lavras, 2013. Disponível em: <http://repositorio.ufla.br/bitstream/1/1137/3/TESE_Enzimas%20celulol%C3%ADticas%20e%20xilanol%C3%ADtica....pdf>. Acesso em: 25 nov. 2021.

CARVALHO, J. C. M. de; SATO, S. Fermentação descontínua. In: SCHMIDELL, W. et al. (Coord.). **Biotecnologia industrial**: engenharia bioquímica. São Paulo: Edgard Blucher, 2001. v. 2. p. 193-204.

CASTRO, A. M. de; PEREIRA JR., N. Produção, propriedades e aplicação de celulases na hidrólise de resíduos agroindustriais. **Química Nova**, v. 33, n. 1, p. 181-188, 2010. Disponível em: <https://www.scielo.br/j/qn/a/HbPYKnpgwSf4jhH4dtVSMhr/?format=pdf&lang=pt>. Acesso em: 23 nov. 2021.

CASTRO, R. J. S. de; SATO, H. H. Enzyme Production by Solid State Fermentation: General Aspects and an Analysis of the Physicochemical Characteristics of Substrates for Agro-industrial Wastes Valorization. **Waste and Biomass Valorization**, v. 6, n. 6, p. 1085-1093, 2015.

CAXIAS, M. Meios e condições para o cultivo de microrganismos. **Blog IBAP – Instituto Biomédico de Aprimoramento Profissional**. Disponível em: <https://ibapcursos.com.br/meios-e-condicoes-para-o-cultivo-de-microrganismos/>. Acesso em: 29 nov. 2021.

CHAUD, L. C. S.; VAZ, P. V.; FELIPE, M das G. Considerações sobre a produção microbiana e aplicações de proteases. **Nucleus**, v. 4, n-1-2, p. 87-97, set. 2007. Disponível em: <https://www.nucleus.feituverava.com.br/index.php/nucleus/article/view/28/48>. Acesso em: 25 nov. 2021.

CHISTI, M. Y. **Airlift Bioreactors**. New York: Elsevier, 1989.

CHISTI, M. Y.; MOO-YOUNG. M. Airlift Reactors: Characteristics, Applications and Design Considerations. **Chemical Engineering Communications**, v. 60, n. 1-6, p. 195-242, Jan. 1987.

CHOVAU, S.; DEGRAUWE, D.; BRUGGEN, B. van der. Critical analysis of Techno-Economic Estimates for the Production Cost of Lignocellulosic Bio-Ethanol. **Renewable and Sustainable Energy Reviews**, v. 26, p. 307-321, 2013.

CINÉTICA dos processos fermentativos. Disponível em: <http://www.debiq.eel.usp.br/~joaobatista/AULA4CINETICA.pdf>. Acesso em: 23 nov. 2021.

COLLINS, T.; GERDAY, C.; FELLER, G. Xylanases, Xylanases Families and Extremophilic Xylanases. **FEMS Microbiology Reviews**, v. 29, n. 1, p. 3-23, Jan. 2005.

COUTO, S. R.; SANROMÁN, M. A. Application of Solid-State Fermentation to Food Industry: a review. **Journal of Food Engineering**, v. 76, p. 291-302, 2006.

DAMASO, M. C. T. et al. Selection of Cellulolytic Fungi Isolated from Diverse Substrates. **Brazilian Archives of Biology and Technology**, v. 55, n. 4, p. 513-520, July/Aug. 2012.

DAMASO, M. C. T.; COURI, S. Fermentação. **Ageitec – Agência Embrapa de Informação Tecnológica**. Disponível em: <https://www.agencia.cnptia.embrapa.br/gestor/tecnologia_de_alimentos/arvore/CONT000fid5sgif02wyiv80z4s4737dnfr3b.html>. Acesso em: 23 nov. 2021.

D'AVILA, R. F. et al. Adjuntos utilizados para produção de cerveja: características e aplicações. **Estudos Tecnológicos em Engenharia**, v. 8, n. 2, p. 60-68, jul./dez. 2012. Disponível em: <http://revistas.unisinos.br/index.php/estudos_tecnologicos/article/view/4160/1505>. Acesso em: 26 nov. 2021.

DINSLAKEN, D. É obrigatório controlar a temperatura de fermentação? **Concerveja**. Disponível em: <https://bit.ly/2Ove1ss>. Acesso em: 23 nov. 2021.

ECHEGARAY, O. F. et al. Fed-Batch Culture of *Saccharomyces Cerevisiae* in Sugar-Cane Blackstrap Molasses: Invertase Activity of Intact Cells in Ethanol Fermentation. **Biomass and Bioenergy**, v. 19, n. 1, p. 39-50, July 2000.

ESCARAMBONI, B. **Produção de amilases pelo cultivo em estado sólido de *Rhizopus microsporus var. oligosporus* e sua utilização na obtenção de xarope de glicose**. 62 f. Dissertação (Mestrado em Ciências Biológicas) – Universidade Estadual Paulista "Júlio de Mesquita Filho", Rio Claro, 2014. Disponível em: <https://repositorio.unesp.br/bitstream/handle/11449/134177/000857393.pdf?sequence=1&isAllowed=y>. Acesso em: 25 nov. 2021.

ESTEVES, C. **Lipase**. 16 jan. 2019. Disponível em: <https://bit.ly/3l6s8R9>. Acesso em: 25 nov. 2021

FACCIOTTI, M. C. R. Fermentação contínua. In: SCHMIDELL, W. et al. (Coord.). **Biotecnologia industrial**: engenharia bioquímica. São Paulo: Edgard Blucher, 2001. v. 2. p. 223-246.

FARKAS, J. Physical Methods of Food Preservation. In: DOYLE, M. P.; BEUCHAT, L. R.; MONTVILLE, T. J. (Ed.). **Food Microbiology:** Fundamentals and Frontiers. Washington: American Society for Microbiology, 1997. p. 497-519.

FERMENTAÇÃO e produtos lácteos fermentados. **Aditivos & Ingredientes**. Disponível em: <https://aditivosingredientes.com/upload_arquivos/201605/2016050196506001464094542.pdf>. Acesso em: 25 nov. 2021.

FIA – Fundação Instituto de Administração. **Indústria farmacêutica**: características, setores e mercado de trabalho. 6 fev. 2020. Disponível em: <https://fia.com.br/blog/industria-farmaceutica/>. Acesso em: 29 nov. 2021.

FIOCRUZ – Fundação Oswaldo Cruz. **Vacinas virais**. 7 ago. 2019. Disponível em: <https://www.bio.fiocruz.br/index.php/br/perguntas-frequentes/perguntas-frequentes-vacinas-menu-topo/131-plataformas/1574-vacinas-virais>. Acesso em: 29 nov. 2021.

FREIRE, M. da S. Produção nacional de vacinas, saúde pública e novos desafios no Brasil. In: SIMPÓSIO PRODUÇÃO DE VACINAS NO BRASIL: PROBLEMAS, PERSPECTIVAS E DESAFIOS ESTRATÉGICOS, 2013, Rio de Janeiro. Disponível em: <https://bit.ly/38sGc2m>. Acesso em: 29 nov. 2021.

GADELHA, C. A. G. A produção e o desenvolvimento de vacinas no Brasil. **História, Ciências, Saúde-Manguinhos**, v. 3, n. 1, jun. 1996. Disponível em: <https://www.scielo.br/j/hcsm/a/nFsQzphwSGG6jvJtN4sjnpJ/?lang=pt>. Acesso em: 29 nov. 2021.

GASCHO, G. J.; SHIH, S. F. Sugarcane. In: TEARE, I. D.; PEET, M. M. (Ed.). **Crop-Water Relations**. New York: Wiley-Interscience, 1983. p. 445-479.

GOES, T.; MARRA, R.; SILVA, G. e S. Setor sucroalcooleiro no Brasil: situação atual e perspectivas. **Política Agrícola**, ano XVII, n. 2, p. 39-51, maio/jun. 2008. Disponível em: <https://bit.ly/3ek994b>. Acesso em: 23 nov. 2021.

GOMES, P. M. R. **Vacinas**. 2003. Disponível em: <https://bit.ly/2OFQkxE>. Acesso em: 29 nov. 2021.

GUPTA, R. et al. Microbial α-Amylases: a Biotechnological Perspective. **Process Biochemistry**, v. 38, n. 11, p. 1599-1616, June 2003.

HALTRICH, D. et al. Production of Fungal Xylanases. **Bioresource Technology**, v. 58, n. 2, p. 137-161, 1996.

HAMIDI-ESFAHANI, Z.; SHOJAOSADATI, S. A.; RINZEMA, A. Modelling of Simultaneous Effect of Moisture and Temperature on A. Niger Growth in Solid-State Fermentation. **Biochemical Engineering Journal**, v. 21, n. 3, p. 265-272, 2004.

HASSUANI, S. J.; LEAL, M. R. L. V.; MACEDO, I. de C. **Biomass Power Generation**: Sugar Cane Bagasse and Trash. Piracicaba: CTC; Brasília: PNUD, 2005.

HATZINIKOLAOU, D. G. et al. Production and Parcial Characterization of Extracellular Lipase from *Aspergillus Niger*. **Biotechnology Letters**, v. 18, n. 5, p. 547- 552, 1996.

HENDGES, D. H. **Produção de poligalacturonases por *Aspergillus niger* em processo em estado sólido em biorreator com dupla superfície**. Dissertação (Mestrado em Biotecnologia) – Universidade de Caxias do Sul, Caxias do Sul, 2006. Disponível em: <https://repositorio.ucs.br/xmlui/bitstream/handle/11338/225/Dissertacao%20Diogo%20Henrique%20Hendges.pdf?sequence=1&isAllowed=y>. Acesso em: 23 nov. 2021.

HISS, H. Cinética de processos fermentativos. In: SCHMIDELL, W. et al. (Coord.). **Biotecnologia industrial**: engenharia bioquímica. São Paulo: Edgard Blucher, 2001. v. 2, p. 93-122.

HÖLKER, U.; HÖFER, M.; LENZ, J. Biotechnological Advantages of Laboratory-Scale Solid-State Fermentation with Fungi. **Applied Microbiology and Biotechnology**, v. 64, n. 2, p. 175-186, 2004.

IBAP – Instituto Biomédico de aprimoramento profissional. **Vacina conjugada**. Disponível em: <https://ibapcursos.com.br/vacina-conjugada/>. Acesso em: 29 nov. 2021.

JAY, J. M. **Modern Food Microbiology**. 5. ed. New York: Chapman & Hall, 1996.

JUNIOR, A. A. D.; VIEIRA, A. G.; FERREIRA, T. P. Processo de produção de cerveja. **Processos Químicos**, v. 3, n. 6, p. 61-71, 2009. Disponível em: <http://ojs.rpqsenai.org.br/index.php/rpq_n1/article/view/35>. Acesso em: 26 nov. 2021.

KRAUTER, M. et al. Influence of Linearly Decreasing Feeding Rates on Fed-Batch Ethanol Fermentation of Sugar-Cane Blackstrap Molasses. **Biotechnology Letters**, v. 9, n. 9, p. 647-650, Sept. 1987.

KREUZER, H.; MASSEY, A. **Engenharia genética e biotecnologia**. Tradução de Ana Beatriz Gorini da Veiga. 2. ed. Porto Alegre: Artmed, 2002.

KRISHNA, C. Solid-State Fermentation Systems: an Overview. **Critical Reviews in Biotechnology**, v. 25, n. 1-2, p. 1-30, Jan./June 2005.

KULKARNI, N.; SHENDYE, A.; RAO, M. Molecular and biotechnological aspects of xylanases. **FEMS Microbiology Reviews**, v. 23, n 4, p. 411-456, July 1999.

KUMAR, R.; SINGH, S.; SINGH, O. V. Bioconversion of Lignocellulosic Biomass: Biochemical and Molecular Perspectives. **Journal of Industrial Microbiology & Biotechnology**, v. 35, n. 5, p. 377-391, May 2008.

LEE, J. W. Designer Biosynthetic Pathways for Photosynthetic Biofuels and Bioproducts: Opportunities and Challenges. **The Faseb Journal**, v. 33, n. S1, p. 486.1, Apr. 2019.

LEE, J. et al. Control of Fed-BatchFermentations. **Biotechnology Advances**, v. 17, n. 1, p. 29-48, 1999.

LEMOS, M. Lipase: o que é, para que serve o exame e resultados. **Tua Saúde**, nov. 2021. Disponível em: <https://www.tuasaude.com/lipase/>. Acesso em: 25 nov. 2021.

LIMA, A. P. de O. Vitaminas. **InfoEscola**. Disponível em: <https://bit.ly/3qyV31v>. Acesso em: 29 nov. 2021.

LIMA, L. da R.; MARCONDES, A. de A. **Álcool carburante**: uma estratégia brasileira. Curitiba: Editora UFPR, 2002.

LIMA, U. de A.; BASSO, L. C.; AMORIM, H. V. de. Produção de etanol. In: LIMA, U. de A. et al. (Org.). **Biotecnologia industrial**: processos fermentativos e enzimáticos. São Paulo: Edgard Blucher, 2001. v. 3. p. 1-43.

LIMAYEM, A.; RICKE, S. C. Lignocellulosic Biomass for Bioethanol Production: Current Perspectives, Potential Issues and Future Prospect. **Progress in Energy and Combustion Science**, v. 38, n. 4, p. 449-467, 2012.

LINS, C.; SAAVEDRA, R. **Sustentabilidade corporativa no setor sucroalcooleiro brasileiro**. Rio de Janeiro: FDBS; IMD, 2007.

LYND, L. R. et al. Microbial Cellulose Utilization: Fundamentals and Biotechnology. **Microbiology and Molecular Biology Reviews**, v. 66, n. 3, p. 506-577, Sept. 2002.

MAAREL, M. J. E. C. van der. et al. Properties and Applications of Starch-Converting Enzymes of the Alpha-Amylase Family. Journal of Biotechnology, v. 94, n. 2, p. 137-155, Mar. 2002.

MALACINSKI, G. M. **Fundamentos da biologia molecular**. Tradução de Paulo A. Motta. 4. ed. Rio de Janeiro: Guanabara Koogan, 2005.

MALAJOVICH, M. A. **Biotecnologia**. 2. ed. Rio de Janeiro: Biblioteca Max Feffer do Instituto de Tecnologia ORT, 2016.

MALAJOVICH, M. A. **Biotecnologia 2011**. Rio de Janeiro: Biblioteca Max Feffer do Instituto de Tecnologia ORT, 2012.

MALDONADO, R. R. **Produção, purificação e caracterização da lipase de *Geotrichum candidum* obtida a partir de meios industriais**. 142 f. Dissertação (Mestrado em Engenharia de Alimentos) – Universidade Estadual Campinas, Campinas, 2006. Disponível em: <http://repositorio.unicamp.br/bitstream/REPOSIP/255031/1/Maldonado_RafaelResende_M.pdf>. Acesso em: 25 nov. 2021.

MANSUR, L. M. **Vitaminas hidrossolúveis no metabolismo**. (Texto apresentado em seminário na disciplina de Bioquímica do tecido animal). UFRGS, 2009. Disponível em: <https://www.ufrgs.br/lacvet/restrito/pdf/vitaminas_hidro.pdf>. Acesso em: 29 nov. 2021.

MARCHIORI, E. Multi-uso. **Revista Indústria de Laticínios**, n. 65, São Paulo, set./out., 2006.

MARQUES, G. M. Vinhaça: o futuro da fertilização. **Escola Superior de Agricultura Luiz de Queiroz**, ano 48, n. 66, 8 jul. 2015. Disponível em: <https://bit.ly/3cdcBuN>. Acesso em: 25 nov. 2021.

MEGA, J. F.; NEVES, E.; ANDRADE, C. J. de. A produção da cerveja no Brasil. **Revista Citino: Ciência, Tecnologia, Inovação e Oportunidade**, v. 1, n. 1, p. 34-42, out./dez. 2011. Disponível em: <http://www.hestia.org.br/wp-content/uploads/2012/07/CITINOAno1V01N1Port04.pdf>. Acesso em: 26 nov. 2021.

MIGUEL, M. A. L.; LEITE, A. M. Kefir: o iogurte do século XXI. **Animal Business Brasil**, 28 ago. 2018. Disponível em: <https://animalbusiness.com.br/medicina-veterinaria/tecnologia-de-alimentos/kefir-o-iogurte-do-seculo-xxi/>. Acesso em: 25 nov. 2021.

MITCHELL, D. A. et al. Group III: Rotating-Drum and Stirred-Drum Bioreactors. In: MITCHELL, D. A.; KRIEGER, N.; BEROVIČ, M. (Ed.). **Solid-State Fermentation Bioreactors**: Fundamentals of Design and Operation. Berlin: Springer-Verlag, 2006. p. 95-114.

MONTEIRO, V. N.; SILVA, R. do N. Aplicações industriais da biotecnologia enzimática. **Processos Químicos**, Goiânia, ano 3, n. 5, p. 9-23, jan./jun. 2009. Disponível em: <https://www.senaigo.com.br/repositoriosites/repositorio/senai/download/Publicacoes/Revista_Cientifica_Processos_Quimicos_/2010/processosquimicos_052009.pdf>. Acesso em: 25 nov. 2021.

MORALES, M. et al. Life Cycle Assessment of Lignocellulosic Bioethanol: Environmental Impacts and Energy Balance. **Renewable and Sustainable Energy Reviews**, v. 42, p. 1349-1361, 2015.

MOREIRA, T. B. et al. Vitaminas lipossolúveis e seus benefícios. **Revista Eletrônica de Farmácia**, v. 12, n. 1.1, p. 31-32, 2015. Disponível em: <https://revistas.ufg.br/REF/article/view/40826/pdf>. Acesso em: 29 nov. 2021.

MOURÃO, D. M. et al. Biodisponibilidade de vitaminas lipossolúveis. **Revista de Nutrição**, Campinas, v. 18, n. 4, p. 529-539, jul./ago. 2005. Disponível em: <https://www.scielo.br/j/rn/a/6Bg46DxcRFKXLKCKgCZP8yH/abstract/?lang=pt>. Acesso em: 29 nov. 2021.

MURI, E. M. F. Proteases virais: importantes alvos terapêuticos de compostos peptideomiméticos. **Química Nova**, v. 37, n. 2, p. 308-316, 2014. Disponível em: <https://www.scielo.br/j/qn/a/VmdG64vRBNnbpHwJSSbM57p/?lang=pt>. Acesso em: 25 nov. 2021.

MUSSATTO, S. I.; FERNANDES, M.; MILAGRES, A. M. F. Enzimas: poderosa ferramenta na indústria. **Ciência Hoje**, v. 41, n. 242, p. 28-33, out. 2007. Disponível em: <https://www.academia.edu/26298182/Enzimas_Poderosa_Ferramenta_na_Ind%C3%BAstria>. Acesso em: 25 nov. 2021.

NASCIMENTO, K. B. de M. et al. Utilização de resíduos agroindustriais para produção de tanase por *Aspergillus sp* isolado do solo da caatinga de Pernambuco, Brasil. **e-xacta**, Belo Horizonte, v. 7, n. 1, p. 95-103, 2014. Disponível em: <https://revistas.unibh.br/dcet/article/view/1146>. Acesso em: 23 nov. 2021.

NASCIMENTO, R. P. do. et al. (Org.). **Microbiologia industrial**: bioprocessos. Rio de Janeiro: Elsevier, 2017. v. 1.

NEVES, L. C.; SOUZA, J. B. de; VIDAL, C. M. de S. Biorreator de membrana: alternativa para o tratamento de efluente de indústrias de papel e celulose. In: CARNIATTO, I.; SCHNEIDER, M. J.; GONZALEZ, A. C. (Org.). **Engenharia sanitária e ambiental**: tecnologias para a sustentabilidade. Curitiba: Atena, 2016. p. 92-109. Disponível em: <https://www.atenaeditora.com.br/wp-content/uploads/2017/03/E-book-engenharia-sanitaria.pdf>. Acesso em: 22 nov. 2021.

NG, A. N. L.; KIM, A. S. A Mini-Review of Modeling Studies on Membrane Bioreactor (MBR) Treatment for Municipal Wastewaters. **Desalination**, v. 212, n. 1-3, p. 261-281, 2007.

OLIVEIRA, F. de C. **Produção de lipase por *Penicillium roqueforti* e sua aplicação na obtenção de aroma de queijo**. 124 f. Dissertação (Mestrado em Ciências) – Universidade de São Paulo, Lorena, 2010. Disponível em: <https://teses.usp.br/teses/disponiveis/97/97132/tde-27092012-110159/publico/BID10008.pdf>. Acesso em: 25 nov. 2021.

ONKEN, U.; WEILAND, P. Airlift Fermenters: Construction, Behavior and Uses. **Advanced Biotechnology Processes**, p. 67-95, 1983.

ORLANDELLI, R. C. et al. Enzimas de interesse industrial: produção por fungos e aplicações. **SaBios – Revista de Saúde e Biologia**, v. 7, n. 3, p. 97-109, set./dez. 2012. Disponível em: <http://revista2.grupointegrado.br/revista/index.php/sabios/article/view/1346>. Acesso em: 25 nov. 2021.

OS PRINCIPAIS tipos de queijo produzidos no Brasil. **GetNinjas**, 30 set. 2014. Disponível em: <https://blog.getninjas.com.br/os-principais-tipos-de-queijo-produzidos-brasil/>. Acesso em: 26 nov. 2021.

PANDEY, A. (Ed.) **Concise Encyclopedia of Bioresource Technology**. New York: Food Products Press, 2004. Disponível em: <https://ttngmai.files.wordpress.com/2012/06/conciseencyclopediaofbioresourcetechnology.pdf>. Acesso em: 23 nov. 2021.

PANDEY, A. Solid-State Fermentation. **Biochemical Engineering Journal**, v. 13, n. 2-3, p. 81-84, 2003.

PATEL, S. A Critical Review on Serine Protease: Key Immune Manipulator and Pathology Mediator. **Allergologia et Immunopathologia**, v. 45, n. 6, p. 579-591, Nov./Dec. 2017.

PEREIRA JR., N.; BON, E. P. da S.; FERRARA, M. A. **Tecnologia de bioprocessos**. Rio de Janeiro: Escola de Química/UFRJ, 2008. (Séries em Biotecnologia, v. 1).

PICCINI, A. R.; MORESCO, C.; MUNHOS, L. **Características gerais**. abr. 2002. Disponível em: <https://bit.ly/3l3Q2Np>. Acesso em: 26 nov. 2021.

POLIZELI, M. L. T. M. et al. Xylanases from Fungi: Properties and Industrial Applications. **Applied Microbiology and Biotechnology**, v. 67, n. 5, p. 577-591, 2005.

POUTANEN, K. et al. Evaluation of Different Microbial Xylanolytic Systems. **Journal of Biotechnology**, v. 6, n. 1, p. 49-60, July 1987.

PRADELLA, J. G. da C. Reatores com células imobilizadas. In: SCHMIDELL, W. et al. (Coord.). **Biotecnologia Industrial**: engenharia bioquímica. São Paulo: Edgard Blucher, 2001. v. 2. p. 355-372.

QUILLES JR., J. C. Imobilização de enzimas e células. **Portal da Educação**. Disponível em: <https://bit.ly/3t5CG65>. Acesso em: 22 nov. 2021.

QUIROZ-CASTAÑEDA, R. E.; FOLCH-MALLOL, J. L. Plant Cell Wall Degrading and Remodeling Proteins: Current Perspectives. **Biotecnología Aplicada**, v. 28, n. 4, p. 205-215, 2011. Disponível em: <http://scielo.sld.cu/pdf/bta/v28n4/bta01411.pdf>. Acesso em: 25 nov. 2021.

RAGAUSKAS, A. J. et al. Lignin Valorization: Improving Lignin Processing in the Biorefinery. **Science**, v. 344, May 2014.

RAIMBAULT, M. General and Microbiological Aspects of Solid Substrate Fermentation. **Electronic Journal of Biotechnology**, v. 1, n. 3, p. 174-188, Dec. 1998.

RANGEL, D.; LANG, P. Vacina Covid-19 Fiocruz tem eficácia geral de 82%. **Portal FIOCRUZ**, 3 fev. 2021. Disponível em: <https://bit.ly/2PSuAzi>. Acesso em: 23 ago. 2021.

RAO, M. B. et al. Molecular and Biotechnological Aspects of Microbial Proteases. **Microbiology and Molecular Biology Reviews**, v. 62, n. 3, p. 597-635, Sept. 1998.

RAWLINGS, N. D.; MORTON, F. R.; BARRETT, A. J. MEROPS: The Peptidase Database. **Nucleic Acids Research**, v. 1, n. 34, Jan. 2006.

REGUEIRA, R. C. **Biorreatores e processos fermentativos**. 11 maio 2017. Disponível em: <https://silo.tips/download/biorreatores-e-processos-fermentativos>. Acesso em: 23 nov. 2021.

REIS, A. A. dos. **Produção e caracterização de amilases bacterianas**: α-amilase e ciclodextrina glucanotransferase (CGTase). 124 f. Dissertação (Mestrado em Microbiologia) – Universidade Estadual Paulista "Júlio de Mesquita Filho", São José do Rio Preto, 2015. Disponível em: <https://repositorio.unesp.br/bitstream/handle/11449/136693/000859578.pdf?sequence=1&isAllowed=y>. Acesso em: 25 nov. 2021.

REIS, M. Vacinas: o que são, tipos e para que servem. **Tua Saúde**, ago. 2021. Disponível em: <https://bit.ly/3cgQunn>. Acesso em: 29 nov. 2021.

ROCHA, C. P. **Otimização da produção de enzimas por *Aspergillus niger* em fermentação em estado sólido**. 161 f. Dissertação (Mestrado em Engenharia Química) – Universidade Federal de Uberlândia, Uberlândia, 2010. Disponível em: <https://repositorio.ufu.br/bitstream/123456789/15133/1/crhris.pdf>. Acesso em: 25 nov. 2021.

ROCHA, D. D. D. Produção biotecnológica de vitaminas. **Profissão Biotec**, v. 4, jan. 2019. Disponível em: <https://bit.ly/3bBiJy6>. Acesso em: 23 ago. 2021

ROCHA, N. R. de A. F. **Produção de celulase por fermentação submersa empregando resíduos agroindustriais para a produção de etanol**. 107 f. Dissertação (Mestrado em Engenharia Química) – Universidade Federal de Uberlândia, Uberlândia, 2011. Disponível em: <https://repositorio.ufu.br/bitstream/123456789/15165/1/d.pdf>. Acesso em: 25 nov. 2021.

RODRÍGUEZ-ZÚÑIGA, U. F. et al. Produção de celulases por *Aspergillus niger* por fermentação em estado sólido. **Pesquisa Agropecuária Brasileira**, Brasília, v. 46, n. 8, p. 912-919, ago. 2011. Disponível em: <https://www.scielo.br/j/pab/a/rxM7cmHdQD6sf97KHMJFXKb/abstract/?lang=pt>. Acesso em: 25 nov. 2021.

ROSA, N. A.; AFONSO, J. C. A química da cerveja. **Química Nova na Escola**, São Paulo, v. 37, n. 2, p. 98-105, maio 2015. Disponível em: <http://qnesc.sbq.org.br/online/qnesc37_2/05-QS-155-12.pdf>. Acesso em: 26 nov. 2021.

ROVEDA, M.; HEMKEMEIER, M.; COLLA, L. M. Avaliação da produção de lipases por diferentes cepas de microrganismos isolados em efluentes de laticínios por fermentação submersa. **Ciência e Tecnologia de Alimentos**, Campinas, v. 30, n. 1, p. 126-131, jan./mar. 2010. Disponível em: <https://www.scielo.br/j/cta/a/fpKPtnMr4KXzGvxwr58cYNk/?lang=pt>. Acesso em: 25 nov. 2021.

RUTZ, F.; TORERO, A.; FILER, K. Fermentação em estado sólido: a evolução na produção de enzimas. **Revista Aveworld**, v. 29, 2008.

SALLES, P. **Avaliação de um reator tipo tambor rotativo para hidrólise enzimática do bagaço de cana-de-açúcar**. Dissertação (Mestrado em Engenharia Mecânica) – Universidade de São Paulo, São Carlos, 2013. Disponível em: <https://teses.usp.br/teses/disponiveis/18/18146/tde-25112013-103920/publico/PolineSalles.pdf>. Acesso em: 23 nov. 2021.

SALOTTI, B. M. et al. Qualidade microbiológica do queijo minas frescal comercializado no município de Jaboticabal, SP, Brasil. **Arquivos do Instituto Biológico**, São Paulo, v. 73, n. 2, p. 171-175, abr./jun. 2006. Disponível em: <http://www.biologico.agricultura.sp.gov.br/uploads/docs/arq/V73_2/salotti.PDF>. Acesso em: 26 nov. 2021.

SANTOMASO, A. C.; OLIVI, M.; CANU, P. Mechanisms of Mixing of Granular Materials in Drum Mixers Under Rolling Regime. **Chemical Engineering Science**, v. 59, p. 3269-3280, 2004.

SANTOS, F.; BORÉM, A.; CALDAS, C. (Ed.). **Cana-de-açúcar**: bioenergia, açúcar e etanol – tecnologias e perspectivas. 2. ed. rev. e ampl. Viçosa: UFV, 2012.

SANTOS, R. N. dos; ALVES, A. de O.; SILVEIRA, E. B. da. Microrganismos de uso biotecnológico. JEPEX – JORNADA DE ENSINO, PESQUISA E EXTENSÃO, 9., 2009, Pernambuco. Disponível em: <http://www.eventosufrpe.com.br/jepex2009/cd/resumos/R0122-3.pdf>. Aceso em: 25 nov. 2021.

SANTOS, R. S. dos. **Produção de enzimas celulolíticas e xilanolíticas por fungos filamentosos utilizando resíduos da cadeia do biodiesel como fonte de carbono**. 113 f. Dissertação (Mestrado em Química) – Universidade Federal dos Vales do Jequitinhonha e Mucuri, Diamantina, 2013. Disponível em: <http://acervo.ufvjm.edu.br/jspui/bitstream/1/509/1/ricardo_salviano_santos.pdf>. Acesso em: 25 nov. 2021.

SCHATZMAYR, H. G. Novas perspectivas em vacinas virais. **História, Ciências, Saúde-Manguinhos**, v. 10, suppl. 2, p. 655-669, 2003. Disponível em: <https://www.scielo.br/j/hcsm/a/VjJzQVWWZtVxSqMmMM4R3WB/abstract/?lang=pt>. Acesso em: 29 nov. 2021.

SCHMIDELL, W. et al. (Coord.). **Biotecnologia industrial**: engenharia bioquímica. São Paulo: Edgard Blucher, 2001. v. 2.

SCHMIDELL, W.; FACCIOTTI, M. C. R. Biorreatores e processos fermentativos. In: SCHMIDELL, W. et al. (Coord.). **Biotecnologia industrial**: engenharia bioquímica. São Paulo: Edgard Blucher, 2001. v. 2. p. 179-192.

SCHULZ, M. A. **Produção de bioetanol a partir de rejeitos da bananicultura**: polpa e cascas de banana. Dissertação (Mestrado em Engenharia de Processos) – Universidade da Região de Joinville, Joinville, 2010. Disponível em: <https://www.univille.edu.br/community/mestrado_ep/VirtualDisk.html/downloadFile/191354/Dissertacao_Marco_Aurelio_Schulz.pdf>. Acesso em: 24 nov. 2021.

SILVA, E. C. da. **Produção, purificação e formulação de amilase e sua aplicação em panificação**. 188 f. Tese (Doutorado em Engenharia de Bioprocessos e Biotecnologia) – Universidade Federal do Paraná, Curitiba, 2017. Disponível em: <https://acervodigital.ufpr.br/bitstream/handle/1884/54779/R%20-%20T%20-%20EVALDO%20CARLOS%20DA%20SILVA.pdf?sequence=1&isAllowed=y>. Acesso em: 25 nov. 2021.

SILVA, M. K. da. **Biorreatores com membranas**: uma alternativa para o tratamento de efluentes. Tese (Doutorado em Engenharia) – Universidade Federal do Rio Grande do Sul, Porto Alegre, 2009. Disponível em: <https://bit.ly/3ee9Z2y>. Acesso em: 22 nov. 2021.

SIM, Y-C. et al. Stabilization of Papain and Lysozyme for Application to Cosmetic Products. **Biotechnology Letters**, v. 22, n. 2, p. 137-140, Jan. 2000.

SINGHANIA, R. R. et al. A. Advancement and Comparative Profiles in the Production Technologies Using Solid-State and Submerged Fermentation for Microbial Cellulases. **Enzyme and Microbial Technology**, v. 46, n. 7, p. 541-549, June 2010.

SINGHANIA, R. R. et al. Properties of a Major β-Glucosidase-BGL1 from *Aspergillus Niger* NII-08121 Expressed Differentially in Response to Carbon Sources. **Process Biochemistry**, v. 46, n. 7, p. 1.521-1.524, July 2011.

SINGHANIA, R. R. et al. Recent Advances in Solid-State Fermentation. **Biochemical Engineering Journal**, v. 44, n. 1, p. 13-18, 2009.

SOCCOL, C. R. **Physiologie et métabolisme de rhizopus en culture solide et submergée en relation avec la dégradation d'amidon cru et la production d'acide L (+) lactique**. Tese – (Doutorado em Engenharia enzimática, bioconversão e microbiologia) – Universidade de Tecnologia de Compiègne, Compiègne, 1992.

SOUSA, B. R. de. et al. Fermentações industriais: definição, importância, classificação e microrganismos envolvidos. **Journal of Medicine and Health Promotion**, v. 2, n. 4, p. 735-751, out./dez. 2017. Disponível em: <https://docplayer.com.br/80747910-Fermentacoes-industriais-definicao-importancia-classificacao-e-microrganismos-envolvidos.html>. Acesso em: 25 nov. 2021.

SOUZA, P. M. de; MAGALHÃES, P. de O. e. Application of Microbial α-Amylase in Industry: a Review. **Brazilian Journal of Microbiology**, v. 41, n. 4, p. 850-861, Dec. 2010. Disponível em: <https://www.scielo.br/j/bjm/a/W9gqJLhHTVTddVzCnvcbSVc/?lang=en>. Acesso em: 25 nov. 2021.

STINPAN – Sindicato de Panificação e Confeitaria do Rio de Janeiro. **Perfil do setor de panificação no Brasil**. 25 abr. 2016. Disponível em: <https://stinpan.org.br/perfil-do-setor-de-panificacao-no-brasil/>. Acesso em: 26 nov. 2021.

SUKUMARAN, R. K. et al. Cellulase Production Using Biomass Feed Stok and its Application in *Lignocellulose Saccharification* for Bio-Ethanol Production. **Renewable Energy**, v. 34, n. 2, p. 421-424, 2009.

TAFFARELLO, L. A. B. **Produção, purificação parcial, caracterização e aplicações de alfa-amilase termoestável produzida por bactérias**. Dissertação (Mestrado em Ciência de Alimentos) – Universidade Estadual de Campinas, Campinas, 2004. Disponível em: <http://repositorio.unicamp.br/jspui/bitstream/REPOSIP/256715/1/Taffarello_LucianaAfonsoBittar_M.pdf>. Acesso em: 25 nov. 2021.

THAMER, K. G.; PENNA, A. L. B. Caracterização de bebidas lácteas funcionais fermentadas por probióticos e acrescidas de prebiótico. **Ciência e Tecnologia de Alimentos**, Campinas, v. 26, n. 3, p. 589-595, jul./set. 2006. Disponível em: <https://www.scielo.br/j/cta/a/4xqGgtSw93vvN5FGTGvRsss/?format=pdf&lang=pt>. Acesso em: 26 nov. 2021.

TONSO, A. **Estudo do processo descontínuo alimentado (Fed-Batch) para a síntese de glicoamilase por *Aspergillus awamori* NRRL 3112**. Dissertação (Mestrado em Engenharia Química) – Universidade de São Paulo, São Paulo, 1994. Disponível em: <https://teses.usp.br/teses/disponiveis/3/3137/tde-10102017-072924/pt-br.php>. Acesso em: 23 nov. 2021.

TORTORA, G. J.; FUNKE, B. R.; CASE, C. L. **Microbiologia**. Tradução de Danielle Soares de Oliveira Daian e Luis Fernando Marques Dorvillé. 8. ed. São Paulo: Artmed, 2012.

TOSCANO, C.; KOSIM, L. **Cartilha de vacinas**: para quem quer mesmo saber das coisas. Brasília: Organização Pan-Americana da Saúde, 2003. Disponível em: <https://bvsms.saude.gov.br/bvs/publicacoes/cart_vac.pdf>. Acesso em: 29 nov. 2021.

WU, L. et al. Efficient Conversion of Sugarcane Stalks into Ethanol Employing Low Temperature Alkali Pretreatment Method. **Bioresource Technology**, v. 102, n. 24, p. 11183-11188, Dec. 2011.

YOON, L. W. et al. Fungal Solid-State Fermentation and Various Methods of Enhancement in Cellulase Production. **Biomass and Bioenergy**, v. 67, p. 319-338, May 2014.

ZAMPIERI, D. **Expressão do complexo celulolítico em *Penicillium echinulatum***. Dissertação (Mestrado em Biotecnologia) – Universidade de Caxias do Sul, Caxias do Sul, 2011. Disponível em: <https://repositorio.ucs.br/xmlui/handle/11338/1005?show=full>. Acesso em: 25 nov. 2021.

ZANARDI, M. dos S.; COSTA JR., E. F. da. Tecnologia e perspectiva da produção de etanol no Brasil. **Liberato, Novo Hamburgo**, v. 17, n. 27, p. 20-34, jan./jun. 2016. Disponível em: <http://revista.liberato.com.br/index.php/revista/article/view/390/247>. Acesso em: 24 nov. 2021.

ZANCHETTA, A. **Celulases e suas aplicações**. Disponível em: <http://www.rc.unesp.br/ib/ceis/mundoleveduras/2013/Celulases.pdf>. Acesso em: 25 nov. 2021.

ZANIN, T. Ácido fólico: o que é e para que serve. **Tua Saúde**, jul. 2021. Disponível em: <https://bit.ly/3t8e3Wo>. Acesso em: 29 nov. 2021.

ZARPELON, F. **As especificações do álcool focadas para o mercado mundial**. Disponível em: <https://bit.ly/38n73wW>. Acesso em: 23 nov. 2021.

ZEEMAN, S. C.; KOSSMANN, J.; SMITH, A. M. Starch: Its Metabolism, Evolution, and Biotechnological Modification in Plants. **Annual Review of Plant Biology**, v. 61, p. 209-234, 2010.

Bibliografia comentada

LIMA, L. da R.; MARCONDES, A. de A. **Álcool carburante**: uma estratégia brasileira. Curitiba: Editora UFPR, 2002.

Lima e Marcondes propõem uma abordagem prática sobre todo o processo industrial de produção de álcool combustível por meio da fermentação alcoólica do caldo da cana-de-açúcar. Os autores detalham o processo desde os tratamentos preliminares realizados com a cana-de-açúcar (colheita, transporte, descarregamento, lavagem e moagem para extração do caldo), passando pelo processo fermentativo, chegando à cinética fermentativa, ao rendimento, às dornas de fermentação e à higienização, bem como ao processo de destilação do álcool e à etapa final de tancagem.

LIMA, U. de A. et al. (Org.). **Biotecnologia industrial**: processos fermentativos e enzimáticos. São Paulo: Edgard Blucher, 2001. v. 3.

Esse é um livro de referência quando se trata de processos fermentativos em escala industrial. Integra uma coleção com quatro volumes cuja abordagem centra-se na crescente e relevante aplicação da biotecnologia em diversos setores de produção de bens e serviços. Nesse volume especificamente, os autores discutem, de início, sobre os microrganismos de interesse industrial, as formas de condução de uma fermentação, os parâmetros avaliados na cinética fermentativa, os tipos de biorreatores empregados na indústria e os critérios para ampliação de escala, e finalizam explanando as técnicas de purificação de produtos biotecnológicos.

MALAJOVICH, M. A. **Biotecnologia**. 2. ed. Rio de Janeiro: Biblioteca Max Feffer do Instituto de Tecnologia ORT, 2016.

Esse livro trata, de forma clara e suscinta, da biotecnologia e sua relação com diferentes vertentes; também explica o que são bioprocessos e os microrganismos que participam dos processos biológicos. Sua discussão abrange a biotecnologia e a indústria, o meio ambiente, a agricultura, os alimentos, a biodiversidade, a criação de animais etc. Ainda, a autora versa sobre a biotecnologia e a saúde, chamando a atenção para temas como a produção de vacinas, a indústria de medicamentos e os novos tratamentos disponíveis no mercado.

NASCIMENTO, R. P. do. et al. (Org.). **Microbiologia industrial**: bioprocessos. Rio de Janeiro: Elsevier, 2017. v. 1.

Essa também é uma obra de referência acerca dos bioprocessos, pois seu conteúdo é bastante completo no que diz respeito aos agentes microbiológicos que participam desses processos, elencando aspectos da engenharia genética aplicada à microbiologia. Os autores também apresentam os principais produtos obtidos por meio dos bioprocessos, como é o caso das enzimas microbianas, do etanol combustível, das vitaminas e dos antibióticos.

TORTORA, G. J.; FUNKE, B. R.; CASE, C. L. **Microbiologia**. Tradução de Danielle Soares de Oliveira Daian e Luis Fernando Marques Dorvillé. 8. ed. São Paulo: Artmed, 2012.

Essa obra trata dos fundamentos da microbiologia, contemplando o mundo microbiano por meio de aspectos como seu metabolismo, crescimento e fatores interferentes, genética microbiana e biotecnologia e DNA recombinante. Também versa sobre a classificação dos microrganismos em procariotos (bactérias), eucariotos (fungos, algas, protozoários) e vírus, as interações entre micróbio e hospedeiro, abarcando a discussão sobre imunologia. Ainda, elucida algumas doenças humanas causadas por microrganismos e finaliza levantando alguns aspectos da microbiologia ambiental e suas aplicações.

Sobre a autora

Rebeca de Almeida Silva é bacharel em Engenharia Química pela Universidade Federal de Campina Grande (UFPB), mestre em Engenharia Química e doutora em Engenharia de Processos pela mesma instituição.

Os papéis utilizados neste livro, certificados por instituições ambientais competentes, são recicláveis, provenientes de fontes renováveis e, portanto, um meio responsável e natural de informação e conhecimento.

FSC
www.fsc.org
MISTO
Papel | Apoiando o manejo florestal responsável
FSC® C103535

Impressão: Reproset